Frank Baum

Klausurtraining Kosten- und Leistungsrechnung

Grundlagen, Rechnungssysteme und neuere Entwicklungen

3. Auflage

Verlagsredaktion: Annette Preuß
Technische Umsetzung: Type Art, Grevenbroich
Umschlaggestaltung: Knut Waisznor, Berlin

Informationen über Cornelsen Fachbücher und Zusatzangebote:
www.cornelsen.de/berufskompetenz

3. Auflage

© 2008 Cornelsen Verlag Scriptor GmbH & Co. KG, Berlin

Druck: Druckhaus Thomas Müntzer, Bad Langensalza

ISBN 978-3-589-23549-0

 Inhalt gedruckt auf säurefreiem Papier aus nachhaltiger Forstwirtschaft.

INHALTSVERZEICHNIS

1   GRUNDLAGEN

1.1

Welches sind die Zwecke und Aufgaben des Rechnungswesens?

Der generelle Zweck des betrieblichen Rechnungswesens besteht darin, das betriebliche Geschehen in quantitativen Größen mengen- und wertmäßig abzubilden und auszuwerten, um darauf aufbauend Maßnahmen der Planung, Steuerung und Kontrolle vornehmen sowie die Information von Dritten durchführen zu können. Die Aufgaben des betrieblichen Rechnungswesens sind somit:
- **Dokumentationsaufgabe**: Erfassung aller Geschäftsvorfälle aufgrund von Belegen.
- **Rechenschaftslegungs- und Informationsaufgabe**: Erstellung des Jahresabschlusses aufgrund gesetzlicher Vorschriften.
- **Kontrollaufgabe**: Überwachung der Wirtschaftlichkeit sowie der Liquidität.
- **Planungsaufgabe**: Aufbereitung des Zahlenmaterials für zukunftsgerichtete Entscheidungen, wie z.B. Investitionen, Aufnahme von neuem Eigenkapital usw.

1.2

In welche Bereiche lässt sich das betriebliche Rechnungswesen einteilen?

Das betriebliche Rechnungswesen eines Unternehmens teilt sich in einen externen und einen internen Bereich auf. Beide unterscheiden sich hinsichtlich ihrer Aufgaben und ihrer Informationsempfänger:

Externer und interner Bereich

- Im Rahmen des **externen Rechnungswesens** erfolgt die Buchführung sowie die Erstellung des Jahresabschlusses nach handelsrechtlichen sowie steuerrechtlichen Vorschriften. Adressaten sind außenstehende (externe) Interessenten wie Aktionäre, Gläubiger, Finanzbehörden und die interessierte Öffentlichkeit.
- Das **interne Rechnungswesen** beinhaltet die Finanzplanung und -kontrolle, die Investitionsrechnung sowie die Kosten- und Leistungsrechnung. Die Erstellung dieser Aufgaben unterliegt keinen gesetzlichen Vorschriften. Das interne Rechnungswesen richtet sich an interne Interessenten, die innerhalb des Unternehmens die wirtschaftlichen Prozesse planen, steuern und kontrollieren.

1.3

Welches sind die Aufgaben der Kosten- und Leistungsrechnung?

Die Kosten- und Leistungsrechnung ist ein wesentlicher Bestandteil des internen Rechnungswesens. Die grundsätzlichen Aufgaben bestehen in der **Planung, Steuerung und Kontrolle von betrieblichen Bereichen** und Prozessen.

Durch die Kosten- und Leistungsrechnung erhält die Unternehmensleitung Informationen über das Betriebsgeschehen auf quantitativer Basis. Der Informationsbeitrag der Kosten- und Leistungsrechnung fällt auf unterschiedlichen Ebenen an.

Den umfassendsten Informationsauftrag stellt die **Ermittlung des Betriebserfolges** dar. Unter der Betriebsergebnisrechnung ist die Erfassung der gesamten geplanten und realisierten betriebszweckbezogenen Erfolgsvorgänge zu verstehen. Folglich werden nicht betriebszweckbezogene Erfolgsvorgänge, wie beispielsweise Spekulationsgewinne eines Handwerksbetriebes, aus der Betriebsergebnisrechnung eliminiert.

Das betriebliche Geschehen wird arbeitsteilig in verschiedene Bereiche zerlegt. Diesen Bereichen sind Personen mit entsprechenden Verantwortungen zugeordnet. Es ist dabei von Interesse, ob die jeweiligen Betriebsbereiche auch erfolgreich arbeiten:

- Bei **Betriebsbereichen mit Marktbezug** erfolgt die Überprüfung des Erfolges durch die **Betriebsergebnisrechnung**.
- **Betriebsbereiche ohne Marktbezug** rechnen den Güter- und Wertefluss innerbetrieblich mit Hilfe der **Kostenstellenrechnung** ab.

Ein weiteres Feld der Kosten- und Leistungsrechnung besteht in der **Überprüfung der geplanten bzw. vorgegebenen Kosten und Leistungen** von Betriebsbereichen mit den realisierten Werten. Im Falle von Abweichungen sind dann die Ursachen zu ermitteln und ggf. abzustellen.

Darüber hinaus besteht Interesse an der **Feststellung des Erfolges der jeweiligen Produkte** (Artikel, Leistungen). Diese Aufgabe kommt der **Produkterfolgsrechnung** zu. Die Ermittlung der Kosten einzelner Aktivitäten ist Aufgabe der **Prozesskostenrechnung**.

Darüber hinaus liefert die Kosten- und Leistungsrechnung **Unterstützung für andere Bereiche des Rechnungswesens.** So werden etwa mit Hilfe der Kostenrechnung die Herstellungskosten von Vermögensgegenständen zu Zwecken der Bilanzierung ermittelt. Auch die Investitionsrechnung benötigt Informationen aus der Kostenrechnung, beispielsweise wenn Entscheidungen hinsichtlich der Alternativen Eigenerstellung versus Fremdbezug von Teilen notwendig sind.

1.4 Wie ist der Aufbau der Kosten- und Leistungsrechnung nach dem Ablaufprozess unterteilt?

Nach dem Ablaufprozess hat sich in der betrieblichen Praxis eine Dreiteilung der Kosten- und Leistungsrechnung durchgesetzt:

- Kostenartenrechnung,
- Kostenstellenrechnung,
- Kostenträgerrechnung.

Mit der **Kostenartenrechnung** beginnend, werden zunächst alle während einer Periode angefallenen Kosten erfasst und systematisiert. Im Rahmen der **Kostenstellenrechnung** werden die angefallenen Kosten den Betriebsbereichen bzw. Kostenstellen zugeordnet, in denen diese letztlich entstanden sind bzw. verursacht wurden. Den Abschluss bildet die **Kostenträgerrechnung**, die sich in die Kostenträgerstückrechnung und die Kostenträgerzeitrechnung aufteilt. Mit Hilfe der **Kostenträgerstückrechnung** (Kalkulation) werden die Kosten für die Einheiten betrieblicher Leistungen (Sachgüter und/oder Dienstleistungen) bestimmt. Innerhalb der **Kostenträgerzeitrechnung** werden alle Kosten und Leistungen einer Periode gegenübergestellt, um als Residuum den Betriebserfolg zu ermitteln.

Kostenträgerrechnung teilt sich in die Kostenträgerstückrechnung und die Kostenträgerzeitrechnung auf

Was ist unter Auszahlungen und Einzahlungen zu verstehen?

1.5

Auszahlungen und Einzahlungen stellen **liquiditätswirksame Vorgänge im Unternehmen** dar. Dabei führen Auszahlungen zu einer Verringerung des Zahlungsmittelbestandes, während Einzahlungen diesen erhöhen. Einzahlungen und Auszahlungen führen also zu einer Veränderung der Liquiditätslage.

Ein- und Auszahlungen führen zur Veränderung der Liquiditätslage

Auszahlungen = Abgänge von liquiden Mitteln (Kasse, Bank)
Einzahlungen = Zugänge von liquiden Mitteln

Was ist unter Ausgaben und Einnahmen zu verstehen? Wie lassen sich diese Größen von den Auszahlungen und Einzahlungen abgrenzen?

1.6

Im Rahmen der Finanzplanung wird neben der Liquiditätslage auch die Finanzlage zeitpunktgenau ermittelt. Die Finanzlage lässt sich durch Subtraktion des Geldvermögens (Summe aus liquiden Mitteln und Forderungen) mit den Schulden ermitteln; der Überhang ist das **Nettogeldvermögen**.

Finanzlage =
Geldvermögen – Schulden

Nettogeldvermögen = Liquide Mittel + Forderungen – Schulden

Veränderungen des Nettogeldvermögens erfolgen entweder über Ausgaben (negative Veränderungen) oder Einnahmen (positive Veränderungen):
- Ausgaben stellen den Wert aller zugegangenen Güter und Dienstleistungen pro Periode dar (= Beschaffungswert). Ausgaben verändern das Nettogeldvermögen.

Ausgaben   = Auszahlungen + Forderungsabgänge +
*   Schuldenzugänge*

- Einnahmen stellen den Wert aller veräußerten Leistungen pro Periode dar (= Umsatzerlöse). Auch Einnahmen verändern das Nettogeldvermögen.

Einnahmen   = Einzahlungen + Forderungszugänge +
*   Schuldenabgänge*

Den Zusammenhang zwischen Auszahlungen und Einzahlungen sowie Ausgaben und Einnahmen verdeutlicht die folgende Abbildung:

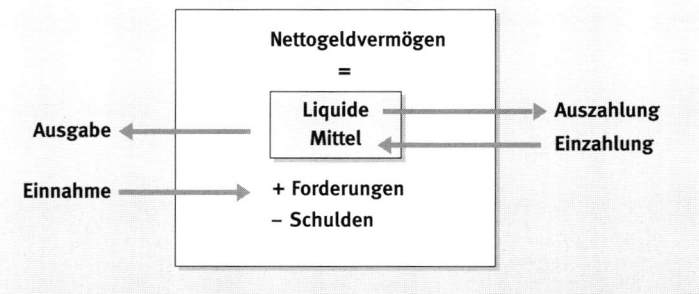

Abb. 1.1:   Zusammenhänge der Änderungsgrößen der liquiden Mittel sowie des Nettogeldvermögens

Die soeben vorgenommenen Abgrenzungen der finanziellen Bestands- und Bewegungsgrößen werden in der betriebswirtschaftlichen Literatur überwiegend wie obenstehend vertreten. Jedoch hat sich bisher keine einheitliche Lehrmeinung herausgebildet, sodass vereinzelt auch andere Abgrenzungen vorgenommen werden.

1.7

Wie sind die Begriffe Aufwendungen und Erträge einzuordnen? Wie lassen sich diese Größen von den Ausgaben und Einnahmen abgrenzen?

Aufwendungen und Erträge sind die **Erfolgsgrößen der Finanzbuchhaltung**. Sie sind in der Gewinn- und Verlustrechnung des Jahresabschlusses zu finden.
- Aufwendungen sind der Wertverzehr für Güter und Dienstleistungen innerhalb einer Periode.
- Erträge sind der Wertzuwachs durch erstellte Güter und Dienstleistungen innerhalb einer Periode.

Die Saldierung von Erträgen und Aufwendungen ergibt den Erfolg einer Periode (Gewinn/Verlust).

Aufwendungen und Erträge führen zu **Veränderungen des Reinvermögens (Eigenkapitals)**. Dieses ergibt sich aus der Addition von Nettogeld- und Sachvermögen. Das Sachvermögen beinhaltet u. a. Grundstücke, Gebäude, Betriebs- und Geschäftsausstattung, Roh-, Hilfs-, Betriebsstoffe sowie fertige und unfertige Erzeugnisse. Aufwendungen führen zu negativen, Erträge zu positiven Veränderungen des Reinvermögens.

Während Ausgaben und Einnahmen zu Veränderungen des Nettogeldvermögens führen, wirken sich Aufwendungen und Erträge über den Gewinn bzw. Verlust auf das Reinvermögen (Eigenkapital) aus.

Aufwendungen führen zu negativen, Erträge zu positiven Veränderungen des Reinvermögens

Wie sind die Begriffe Kosten und Leistungen einzuordnen?
Wie lassen sich diese Größen von den Aufwendungen und Erträgen
abgrenzen?

1.8

Kosten und Leistungen sind die Stromgrößen der gleichnamigen Rechnung und sollen dazu dienen, den **Erfolg des Betriebes** möglichst realistisch abzubilden. Im Gegensatz zu der Gegenüberstellung von Aufwendungen und Erträgen unterliegt die Kosten- und Leistungsrechnung keinen gesetzlichen Vorschriften.

Nach dem **wertmäßigen Kostenbegriff** sind Kosten der **bewertete Verbrauch von Gütern und Dienstleistungen,** der zur Erstellung und Verwertung betrieblicher Leistungen und zur Aufrechterhaltung der Betriebsbereitschaft während einer Periode erforderlich ist. Der Wertansatz des Güterverbrauchs wird nach dem Zweck der Kostenrechnung ermittelt. Daraus folgt, dass eine Übereinstimmung mit den Werten der Auszahlungen nicht zwangsläufig gegeben ist. Alternative Werte zum Anschaffungswert sind der Wiederbeschaffungswert, der Tageswert oder ein Verrechnungswert. Kosten lassen sich von den Aufwendungen wie folgt abgrenzen:

- **Neutrale Aufwendungen** sind keine Kosten, da diese betriebsfremd, außerordentlich oder periodenfremd sind und somit nicht im Rahmen der eigentlichen betrieblichen Leistungserstellung angefallen sind.
- **Grundkosten** sind betriebszweckbezogene und periodengerechte Aufwendungen und stimmen mit deren Werten überein.

Abgrenzung
Kosten – Aufwendungen

Abb. 1.2: *Abgrenzung von Aufwendungen und Kosten*

- Anders- und Zusatzkosten bilden zusammen die kalkulatorischen Kosten, da sie gesondert zu bewerten bzw. zu kalkulieren sind. **Anderskosten** werden in Rechnung gestellt, wenn aus Sicht der Kostenrechnung der Wertansatz der Aufwendungen nicht zeitgerecht ist. Als Beispiele können die kalkulatorischen Abschreibungen oder kalkulatorische Mieten genannt werden. **Zusatzkosten** haben kein Pendant auf der Aufwandsseite. Zusatzkosten berücksichtigen die sog. Opportunitätskosten, d.h. Kosten durch entgangenen Nutzen. Beispiele sind der kalkulatorische Unternehmerlohn, kalkulatorische Wagnisse und kalkulatorische Eigenkapitalzinsen.

Anders- und Zusatzkosten
bilden zusammen die kalkulatorischen Kosten

Leistungen sind die **betriebsbedingt erstellten und bewerteten Güter und Dienstleistungen** innerhalb einer Periode. Leistungen lassen sich in Absatzleistungen, Lagerleistungen und aktivierte Eigenleistungen unterteilen. Hinzu kommen noch die kalkulatorischen Leistungen. Leistungen lassen sich von den Erträgen wie folgt abgrenzen:

Abgrenzung
Leistungen – Erträge

- **Neutrale Erträge** sind keine Leistungen, da diese betriebsfremd, außerordentlich oder periodenfremd sind.
- **Grundleistungen** sind betriebszweckbezogene sowie periodengerechte Erträge und stimmen mit deren Werten überein.

Abb. 1.3:   Abgrenzung von Erträgen und Leistungen

Anders- und Zusatzleistungen
bilden zusammen die kalkulatorischen Leistungen

- Anders- und Zusatzleistungen bilden zusammen die kalkulatorischen Leistungen. **Andersleistungen** unterliegen in der Leistungsrechnung einer abweichenden Bewertung im Vergleich zu den gleich lautenden Erträgen, die aufgrund bilanzieller Bewertungsansätze eher vorsichtig angesetzt werden. Beispielsweise können Bestandserhöhungen anstelle des Wertansatzes der Gewinn- und Verlustrechnung, nämlich den Herstellungskosten, in der Leistungsrechnung mit (höheren) Verrechnungspreisen bewertet werden. **Zusatzleistungen** haben kein Pendant auf der Ertragsseite. Beispiele sind selbst entwickelte Software für die Verwaltung sowie unentgeltlich abgegebene Produkte in Form von Proben.

1.9

Worin unterscheiden sich fixe und variable Kosten?
Welche Kostenverläufe können variable Kosten aufweisen?

Um die Anzahl von produzierten Leistungseinheiten planen zu können, sind Kenntnisse über den Kostenverlauf in Abhängigkeit von der produzierten Stückzahl erforderlich. Die produzierte Stückzahl bzw. Ausbringungsmenge wird in der Betriebswirtschaftslehre auch als **Beschäftigung** bezeichnet. In Abhängigkeit von der Beschäftigung verändert sich ein Teil der Kosten, während ein anderer Teil konstant bleibt.

- Als **variabel** gelten diejenigen Kosten, die bei einer Erhöhung (Verringerung) der Produktionsmenge steigen (sinken). Dazu zählt u.a. der

Verbrauch an Rohstoffen sowie Akkordlöhne in einem Industriebetrieb.

- **Fixe Kosten** hingegen bleiben innerhalb bestimmter Beschäftigungsintervalle konstant. Dies ist bei Gehältern oder bei Gebäudeabschreibungen der Fall.

Die variablen Kosten können sich unterschiedlich zur Beschäftigung entwickeln:

- Wenn sich die variablen Kosten im gleichen Verhältnis (proportional) wie die Beschäftigung verändern, so liegen **lineare Kosten** vor.
- **Progressive Kosten** liegen vor, wenn die Kostenveränderung überproportional zur Beschäftigung erfolgt.
- **Degressive Kosten** liegen vor, wenn die Kostenveränderung unterproportional zur Beschäftigung erfolgt.

Variable Kosten können sich unterschiedlich zur Beschäftigung entwickeln

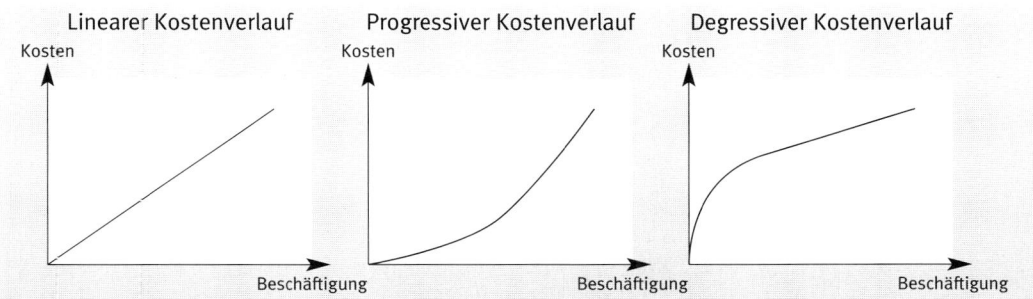

Abb. 1.4: *Unterschiedliche Kostenverläufe: Linear, progressiv, degressiv*

Worin unterscheiden sich Einzelkosten und Gemeinkosten?   1.10

Einzelkosten und Gemeinkosten werden nach dem Bezug zu Kalkulationsobjekten abgegrenzt. Bei diesen Kalkulationsobjekten handelt es sich um Kostenträger (Produkte, Dienstleistungen, Kunden) oder größere Entscheidungsfelder (Profit Center, Kostenstellen).

Grundsätzlich soll die **Zurechnung von Kosten verursachungsgerecht** sein. Dieser Grundsatz bedeutet, dass dem betreffenden Kalkulationsobjekt nur diejenigen Kosten zugerechnet werden, die es verbraucht bzw. verursacht hat. Zweifelsfrei ist diese Zuordnung nur bei den variablen Kosten möglich, deren Höhe sich bei Veränderung der Ausbringungsmenge entsprechend anpasst. Hierbei handelt es sich um **direkte Kosten** bzw. **Einzelkosten** der jeweiligen Bezugsgröße.

Grundsätzlich Verursachungsprinzip

Wird das Verursachungsprinzip streng interpretiert, so lassen sich große Teile der Gesamtkosten nicht auf einzelne Kostenträger verrechnen. Bei diesem Teil der Kosten handelt es sich um **indirekte Kosten** der Bezugsobjekte bzw. **Gemeinkosten**. Mit zunehmender Erweiterung der Kalkulationsobjekte, z.B. Produkt, Produktgruppe, strategische Geschäftseinheit, lassen sich immer mehr der ursprünglichen Gemeinkosten direkt

verrechnen. Insofern hat jede Kostenart den Charakter relativer Einzelkosten.

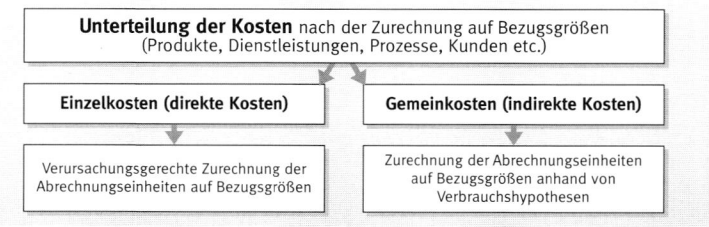

Abb. 1.5: *Differenzierung von Einzelkosten und Gemeinkosten*

1.11

Worin unterscheiden sich Istkosten, Normalkosten und Plankosten?

Istkosten sind die tatsächlich in der letzten Periode angefallenen Kosten.
Istkosten sind also periodenbezogen und unterliegen in der Regel
Schwankungen im Zeitablauf.

Plankosten haben Vorgabecharakter für die Istkosten der zukünftigen Periode

Normalkosten stellen einen Durchschnittswert der Istkosten mehrerer
Perioden aus der Vergangenheit dar. Somit werden zufällige Schwankungen einzelner Perioden geglättet. Normalkosten können als Vorgabewerte für Istkosten der letzten Periode verwendet werden.

Mit Hilfe von **Plankosten** wird versucht, die Kosten für eine zukünftige
Periode zu ermitteln.

Plankosten haben einen Vorgabecharakter für die Istkosten der zukünftigen Periode.

1.12

**Welche Unterschiede bestehen zwischen Vollkostenrechnungen und
Teilkostenrechnungen?**

Der Unterschied zwischen beiden Rechnungen besteht im Umfang der
Kostenzuordnung auf die Kalkulationsobjekte.

Die **Zurechnung der Gesamtkosten** auf Kalkulationsobjekte kann **in
vollem Umfang** erfolgen. Folglich werden den verschiedenen Produktarten anteilige Einzel- und Gemeinkosten pro Stück zugeordnet. Die Addition der Kosten aller Kostenträger ergibt wiederum die Summe der Gesamtkosten. Insofern liegen hier **Vollkostenrechnungen** vor. Die stückbezogenen vollen Kosten eines Produktes stellen dessen **Selbstkosten**
dar, auf deren Basis anschließend der Verkaufspreis ermittelt wird.

Die stückbezogenen vollen Kosten eines Produktes stellen dessen Selbstkosten dar

Vollkostenrechnungen können auf Basis von Istkosten, Normalkosten
oder Plankosten durchgeführt werden. Im Rahmen der Kostenträgerstückrechnung werden unterschieden:
- Divisionskalkulation
- Äquivalenzziffernkalkulation
- Zuschlagskalkulation

- Kalkulation mit Maschinenstundensätzen
- Kuppelkalkulation

Darüber hinaus hat sich in neuerer Zeit die **Prozesskostenrechnung** als weitere Vollkostenrechnung herausgebildet. Die Prozesskostenrechnung berücksichtigt, dass die betreffenden Produkte in unterschiedlichem Ausmaß die jeweiligen Tätigkeiten bzw. Teilprozesse in Anspruch nehmen. Weiterhin wird das **Target Costing** überwiegend auf Vollkostenbasis durchgeführt. Der Grundgedanke besteht darin, die Kosten eines neuen Erzeugnisses vom Markt, d.h. vom erzielbaren Verkaufspreis, her zu entwickeln. Dabei dürfen die Kosten definierte Vorgabebereiche nicht überschreiten (Zielkostenmanagement).

Neuere Ansätze: Prozesskostenrechnung und Target Costing

Um **Teilkostenrechnungen** handelt es sich, wenn den Kalkulationsobjekten **nur anteilige Gesamtkosten** zugerechnet werden. Teilkostenrechnungen werden benötigt, um die Veränderbarkeit von Kosten durch Entscheidungen zu ermitteln. Zum Ansatz kommen diejenigen Kosten, die durch das Ergreifen einer bestimmten Handlungsalternative entstehen oder sich verändern. Die bekannteste Variante der Teilkostenrechnung ist die **Deckungsbeitragsrechnung**. Hier werden den entscheidungsrelevanten Erlösen die entscheidungsrelevanten Kosten gegenübergestellt. Das Ergebnis stellt einen Erfolg vor Abrechnung der (noch) nicht zugerechneten Kostenteile (Fixkosten) dar.

Teilkostenrechnungen zur Ermittlung der Veränderbarkeit von Kosten durch Entscheidungen

Als Systeme der Teilkostenrechnung mit Praxisbezug werden unterschieden:
- Einstufige Deckungsbeitragsrechnung (Direct Costing)
- Mehrstufige Deckungsbeitragsrechnung (Fixkostendeckungsrechnung)
- Grenzplankostenrechnung

2 SYSTEME DER VOLLKOSTENRECHNUNG

Wie ist die Kostenrechnung auf Vollkostenbasis aufgebaut?

Die Vollkostenrechnung ist strukturiert in eine Kostenarten-, Kostenstellen- und Kostenträgerrechnung.

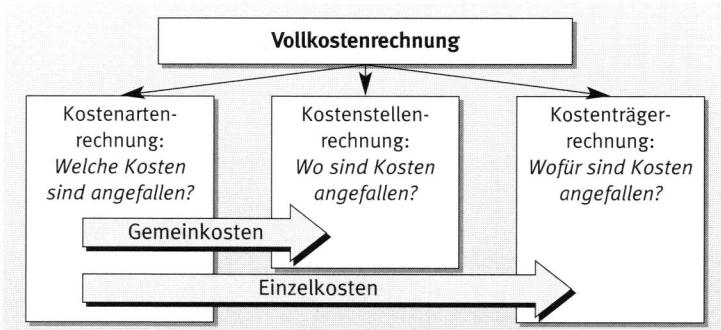

Abb. 2.1: Struktur der Vollkostenrechnung

Einzelkosten können direkt verrechnet werden, Gemeinkosten nur indirekt über Kostenstellen

Die Systeme der Vollkostenrechnung basieren darauf, dass **alle im Betrieb angefallenen Kosten** auf die Kostenträger (Leistungen) **verrechnet** werden. Im Falle der Einzelkosten ist dies auf direktem Wege möglich, während die Gemeinkosten nur indirekt über die Kostenstellen den Kostenträgern zugeordnet werden können.

Kostenartenrechnung: Welche Kosten sind in welcher Höhe angefallen?

Die **Kostenartenrechnung** dient der Beantwortung der Frage, welche Kosten in welcher Höhe angefallen sind. Die angefallenen Kostenarten lassen sich wie folgt unterteilen:
- Materialkosten
- Personalkosten
- Dienstleistungskosten
- Steuern, Gebühren, Beiträge
- Kalkulatorische Kosten

Kostenstellenrechnung: An welcher Stelle sind die Kosten angefallen?

In Anschluss an die Kostenartenrechnung erfolgt die **Kostenstellenrechnung**: Diese dient der Beantwortung der Frage, an welcher Stelle im Betrieb die Kosten angefallen sind. Die Kostenstellenrechnung wird mit Hilfe des **Betriebsabrechnungsbogens** (BAB) durchgeführt. Die Aufgaben der Kostenstellenrechnung im Einzelnen sind:
- Zuordnung der Gemeinkosten aus der Kostenartenrechnung auf Kostenstellen
- Innerbetriebliche Leistungsverrechnung im Falle von Leistungsabgaben zwischen Kostenstellen
- Ermittlung von Gemeinkostenzuschlagssätzen, die Voraussetzung zur Durchführung der Kostenträgerstückrechnung (Kalkulation) sind

- Kontrolle der Wirtschaftlichkeit der einzelnen Bereiche (Kostenstellen)

Kostenträger sind die erstellten Leistungen (Produkte, Dienstleistungen), zu deren Herstellung Kosten angefallen sind. Mit Hilfe der **Kostenträgerrechnung** wird die Frage beantwortet: Wofür sind Kosten angefallen? Man unterscheidet:

Kostenträgerrechnung:
Wofür sind Kosten angefallen?

- **Kostenträgerstückrechnung**: Im Rahmen dieser Rechnung werden die Kosten einer Produkteinheit ermittelt, um darauf aufbauend den (Verkaufs-)Preis kalkulieren zu können.
- **Kostenträgerzeitrechnung**: Diese Rechnung wird auch als kurzfristige Erfolgsrechnung (KER) bezeichnet. Sie ist zeitraumbezogen und stellt den Kosten die Leistungen einer Periode (Monat, Quartal, Jahr) gegenüber. Die Kostenträgerzeitrechnung kann als Gesamtrechnung oder hinsichtlich differenzierter Auswertungsbereiche (Produkte, Produktgruppen, Kundengruppen, Werke usw.) analysiert werden.

Die wesentlichen **Aufgaben der Kostenträgerrechnung** sind also die Ermittlung der Kosten je Kostenträger und die Ermittlung des Erfolges je Kostenträger durch Gegenüberstellung von Kosten und Leistungen, wobei Kosten und Erfolg sowohl stück- als auch zeitraumbezogen ermittelt werden können.

Welche Aufgaben hat die Abgrenzungsrechnung im Rahmen der Kostenartenrechnung? Auf welche Arten lässt sich die Abgrenzungsrechnung grundsätzlich durchführen?

Die Abgrenzungsrechnung dient dazu, die Aufwendungen und Erträge der Gewinn- und Verlustrechnung in Kosten und Leistungen überzuführen. In Theorie und Praxis haben sich zu diesem Zweck zwei Alternativen herausgebildet:

Abgrenzungsrechnung: Überführung der Aufwendungen und Erträge der Gewinn- und Verlustrechnung in Kosten und Leistungen

- Im **Einkreissystem** bilden die Finanzbuchhaltung und die Betriebsbuchhaltung (Kosten- und Leistungsrechnung) eine Einheit. Das Ergebnis der Gewinn- und Verlustrechnung setzt sich buchhalterisch aus dem Betriebsergebnis der Kosten- und Leistungsrechnung und dem neutralen Ergebnis zusammen. Das Einkreissystem ist beispielsweise im Gemeinschaftskontenrahmen der Industrie (GKR) implementiert.
- Im **Zweikreissystem** bilden die Finanzbuchhaltung und die Betriebsbuchhaltung zwei geschlossene Systeme. Zur Überführung der Werte der Gewinn- und Verlustrechnung in die Kosten- und Leistungsrechnung ist deshalb eine Überleitungsrechnung bzw. Abgrenzungsrechnung notwendig.

Die Abgrenzungsrechnung dokumentiert also die Abweichungen zwischen der Finanzbuchhaltung und der Kosten- und Leistungsrechnung. Die Abweichungen zwischen den Rechenwerken setzen sich zusammen aus neutralen Aufwendungen, neutralen Erträgen und den kostenrechnerischen Korrekturen und bilden zusammen das neutrale Ergebnis.

2.3

Wie gestaltet sich die Abgrenzungsrechnung in diesem Beispiel?

Der **Finanzbuchhaltung** sind für die Abrechnungsperiode folgende Aufwendungen und Erträge zu entnehmen:

- Umsatzerlöse: 355.000 €
- Minderbestände an fertigen Erzeugnissen: 2.000 €
- Mieterträge: 9.500 €
- Materialaufwand: 105.000 €
- Personalaufwand: 167.000 €
- Abschreibungen: 21.000 €
- Betriebliche Steuern: 8.000 €
- Zinsaufwand: 4.500 €
- Sonstiger Aufwand: 10.500 €

Aus der **Kosten- und Leistungsrechnung** liegen folgende Angaben vor:
- Kalkulatorische Abschreibungen: 18.000 €
- Kalkulatorische Zinsen: 12.000 €
- Kalkulatorischer Unternehmerlohn: 2.000 €

Tabellarische Abgrenzungsrechnung:

Rechnungskreis I			Rechnungskreis II						
			Abgrenzungsbereich: Neutrales Ergebnis				Kosten- und Leistungsrechnung		
Finanzbuchhaltung			Unternehmensbez. Abgrenzungen		Kostenrechnerische Korrekturen				
Konto	Aufw.	Ertrag	neutr. Aufw.	neutr. Ertrag	Aufw.	Verr. Kosten	Kosten	Leistungen
Umsatzerlöse		355.000						355.000
Bestandsveränd.	2.000						2.000	
Mieterträge		9.500		9.500				
Materialaufwand	105.000						105.000	
Personalaufwand	167.000						167.000	
Abschreibungen	21.000				21.000	18.000	18.000	
Steuern	8.000						8.000	
Sonst. Aufwand	10.500						10.500	
Zinsaufwand	4.500				4.500	12.000	12.000	
Kalk. U.-Lohn					0	2.000	2.000	
Ergebnis	318.000	364.500	0	9.500	25.500	32.000	324.500	355.000
	46.500		9.500		6.500		30.500	
	364.500	364.500	9.500	9.500	32.000	32.000	355.000	355.000
	Gesamtergebnis: + 46.500			Neutrales Ergebnis: + 16.000				Betriebsergebnis: + 30.500	

Das Gesamtergebnis in Höhe von 46.500 € setzt sich zusammen aus dem neutralen Ergebnis (16.000 €) und dem Betriebsergebnis (30.500 €).

Berechnen Sie den mengenmäßigen Materialverbrauch! **2.4**

Folgende Bewegungen sind dokumentiert:

Datum	Vorgang	Menge in Stück
01.01	Anfangsbestand lt. Inventur	230
01.03.	Zugang	160
01.04.	Abgang	120
01.06.	Zugang	110
01.08.	Abgang	50
01.11.	Abgang	160
31.12.	Schlussbestand lt. Inventur	120

Laut Stückliste gehen drei Materialbestandteile in das Endprodukt ein; hergestellt wurden 100 Stück.
Je nach Methode ergeben sich nun unterschiedliche Verbrauchswerte:
- **Inventurmethode:** $230 + 270 - 120 = 380$ Stück
- **Fortschreibungsmethode:** $120 + 50 + 160 = 330$ Stück
- **Retrograde Methode:** $100 \cdot 3 = 300$ Stück

Als Gründe für die Abweichungen zwischen Inventurmethode und Fortschreibungsmethode (50 Stück) kommen u. a. Schwund und Diebstahl in Frage. Die Differenz der Werte zwischen Fortschreibungsmethode und retrograder Methode (30 Stück) kann u. a. mit der Produktion von Ausschuss erklärt werden.

Berechnen Sie den wertmäßigen Materialverbrauch! **2.5**

Vorgang / Datum	Menge (Stück)	Preis pro Einheit (€)
Anfangsbestand (01.01.)	40	40
1. Zugang (01.02.)	80	60
1. Abgang (15.02.)	60	
2. Zugang (01.03.)	100	30
2. Abgang (15.03.)	120	
3. Zugang (01.06.)	200	70
3. Abgang (15.06.)	50	
4. Zugang (01.10.)	80	80
4. Abgang (15.10.)	140	
Endbestand (31.12.)	130	

Der wertmäßige Materialverbrauch ist abhängig von dem gewählten Bewertungsverfahren.

- Materialverbrauch nach dem **Durchschnittsverfahren**:

$$\text{Durch-}\atop\text{schnittspreis} = \frac{40 \cdot 40 \, € + 80 \cdot 60 \, € + 100 \cdot 30 \, € + 200 \cdot 70 \, € + 80 \cdot 80 \, €}{40 + 80 + 100 + 200 + 80}$$

$$= \frac{1.600 \, € + 4.800 \, € + 3.000 \, € + 14.000 \, € + 6.400 \, €}{500}$$

$$= 29.800 \, € \, / \, 500 \, \text{Stück} = 59,60 \, € \, / \, \text{Stück}$$

Der mengenmäßige Verbrauch beläuft sich auf 370 Stück. Dieser wird nun nach dem Durchschnittsverfahren bewertet. Es ergibt sich:
Wertmäßiger Verbrauch: 370 Stück · 59,60 € / Stück   **= 22.052 €**

- Materialverbrauch nach dem **Fifo-Verfahren**:

Nach dem Fifo-Verfahren wird der mengenmäßige Verbrauch von 370 Stück wie folgt bewertet:
Wertmäßiger Verbrauch: 40 · 40 € + 80 · 60 € + 100 · 30 € + 150 · 70 €
= 1.600 € + 4.800 € + 3.000 € + 10.500 €   **= 19.900 €**

- Materialverbrauch nach dem **Lifo-Verfahren**:

Nach dem Lifo-Verfahren wird der mengenmäßige Verbrauch von 370 Stück wie folgt bewertet:
Wertmäßiger Verbrauch: 80 · 80 € + 200 · 70 € + 90 · 30 €
= 6.400 € + 14.000 € + 2.700 €   **= 23.100 €**

- Materialverbrauch nach dem **Hifo-Verfahren**:

Nach dem Hifo-Verfahren wird der mengenmäßige Verbrauch von 370 Stück wie folgt bewertet:
Wertmäßiger Verbrauch: 80 · 80 € + 200 · 70 € + 80 · 60 € + 10 · 40 €
= 6.400 € + 14.000 € + 4.800 € + 400 €   **= 25.600 €**

2.6   **Eine Maschine hat eine Nutzungsdauer von 4 Jahren. Die Anschaffungskosten betragen 50.000 €. Wie verläuft die jeweilige Wertentwicklung der Maschine nach der linearen, der geometrisch-degressiven (Abschreibungssatz 20 %) und der arithmetisch-degressiven Abschreibungsmethode?**

- **Lineare Abschreibung** der Maschine:

Der jährliche Abschreibungsbetrag ergibt sich, indem die Anschaffungskosten durch die Zahl der Nutzungsjahre dividiert werden. Es ergeben sich folgende Werte:

Jahr	Abschreibungsbetrag pro Jahr	Restbuchwert zum Jahresende
0		50.000
1	12.500	37.500
2	12.500	25.000
3	12.500	12.500
4	12.500	0

- **Geometrisch-degressive Abschreibung** der Maschine:
Durchführung der geometrisch-degressiven Abschreibung mit einem jährlichen Entwertungssatz in Höhe von 20 %. Es ergeben sich folgende Werte:

Jahr	Abschreibungsbetrag pro Jahr	Restbuchwert zum Jahresende
0		50.000
1	10.000	40.000
2	8.000	32.000
3	6.400	25.600
4	5.120	20.480

Nach Ablauf der Nutzungsdauer verbleibt ein Restwert in Höhe von 20.480 €. Unter der Annahme einer Übereinstimmung zwischen geplanter und tatsächlicher Nutzungsdauer ist dieser Restwert zusätzlich nach Ablauf des 4. Nutzungsjahres auf Null abzuschreiben.

- **Arithmetisch-degressive Abschreibung**:
Zunächst erfolgt die Berechnung des Degressionsbetrages:

$$Degressionsbetrag = \frac{50.000 \ €}{1 + 2 + 3 + 4} = 5.000 \ €$$

Anschließend werden die jährlichen Abschreibungsbeträge berechnet:

Jahr	Abschreibungsbetrag pro Jahr	Restbuchwert zum Jahresende
0		50.000
1	5.000 · 4 = 20.000	30.000
2	5.000 · 3 = 15.000	15.000
3	5.000 · 2 = 10.000	5.000
4	5.000 · 1 = 5.000	0

Wie verteilen sich die Abschreibungen im Zeitablauf in dem folgenden Beispiel?

2.7

Die Maschine aus Frage 2.6 wird leistungsmäßig abgeschrieben. Die gesamte beanspruchte Nutzungskapazität verteilt sich wie folgt:
- 1. Jahr: 1.800 Stunden
- 2. Jahr: 2.000 Stunden
- 3. Jahr: 1.600 Stunden
- 4. Jahr: 1.000 Stunden

Die Maschine kann nach dem 4. Jahr kostenlos entsorgt werden.

Zunächst ist die **gesamte Kapazität** aus den einzelnen Nutzungsjahren zu ermitteln:
1.800 h + 2.000 h + 1.600 h + 1.000 h = 6.400 h

Anschließend erfolgt die Berechnung der jährlichen Abschreibungen gemäß den entsprechenden Nutzungsanteilen an der Gesamtkapazität von 6.400 Stunden:

Jahr	Abschreibungsbetrag pro Jahr	Restbuchwert zum Jahresende
0		50.000,00
1	1.800 / 6.400 · 50.000 = 14.062,50	35.937,50
2	2.000 / 6.400 · 50.000 = 15.625,00	20.312,50
3	1.600 / 6.400 · 50.000 = 12.500,00	7.812,50
4	1.000 / 6.400 · 50.000 = 7.812,50	0

 2.8

Berechnen Sie die kalkulatorischen Zinsen im Folgebeispiel nach der Restwertverzinsung und nach der Durchschnittswertverzinsung!

Folgende Werte sind gegeben:

Anlagevermögen	Anschaffungskosten (€)	Derzeitiger Buchwert (€)
Betriebsgrundstücke	500.000	
Betriebsgebäude	350.000	200.000
Technische Anlagen / Maschinen	300.000	180.000
Betriebs- und Geschäftsausstattung	120.000	50.000
Umlaufvermögen	**Jahresanfangsbestand (€)**	**Jahresendbestand (€)**
Vorräte	200.000	300.000
Forderungen	120.000	180.000
Wertpapiere (in spekulativer Absicht erworben)	100.000	150.000
Kasse, Bank	50.000	60.000
Zinsloses Kapital	**Jahresanfangsbestand (€)**	**Jahresendbestand (€)**
Kundenanzahlungen	20.000	30.000
Zinsfreie Verbindlichkeiten	40.000	20.000

Als **kalkulatorischer Zinssatz** werden **12 %** von der Unternehmensleitung vorgegeben.

Die Berechnung der kalkulatorischen Zinsen erfolgt gemäß der Formel:

Betriebsnotwendiges Kapital · Zinssatz = kalkulatorische Zinsen

- **Restwertverzinsung**:
Ermittlung des **betriebsnotwendigen Kapitals**:

Betriebsgrundstücke (Anschaffungskosten)	500.000 €
+ Betriebsgebäude (derz. Buchwert)	200.000 €
+ Technische Anlagen / Maschinen (derz. Buchwert)	180.000 €
+ Betriebs- und Geschäftsausstattung (derz. Buchwert)	50.000 €
+ Vorräte (∅ Jahresbest.)	250.000 €
+ Forderungen (∅ Jahresbest.)	150.000 €

+ Kasse, Bank (∅ Jahresbest.)	55.000 €
= Betriebsnotwendiges Vermögen	1.385.000 €
− Abzugskapital (∅ Jahresbest.)	55.000 €
= Betriebsnotwendiges Kapital	1.330.000 €

(Die Wertpapiere des Umlaufvermögens zählen nicht zum betriebsnotwendigen Vermögen, da sie in spekulativer Absicht erworben wurden.)

Als **kalkulatorische Zinsen** ergeben sich nach der Restwertverzinsung:
1.330.000 € · 12 % = **159.600 €**

- **Durchschnittswertverzinsung**:

Ermittlung des **betriebsnotwendigen Kapitals**:

Betriebsgrundstücke (Anschaffungskosten)	500.000 €
+ Betriebsgebäude (∅-Wert)	175.000 €
+ Technische Anlagen / Maschinen (∅-Wert)	150.000 €
+ Betriebs- und Geschäftsausstattung (∅-Wert)	60.000 €
+ Vorräte (∅ Jahresbest.)	250.000 €
+ Forderungen (∅ Jahresbest.)	150.000 €
+ Kasse, Bank (∅ Jahresbest.)	55.000 €
= Betriebsnotwendiges Vermögen	1.340.000 €
− Abzugskapital (∅ Jahresbest.)	55.000 €
= Betriebsnotwendiges Kapital	1.285.000 €

Als **kalkulatorische Zinsen** ergeben sich nach der Durchschnittswertverzinsung: 1.285.000 € · 12 % = **154.200 €**

Welche Arten von Risiken sollten als kalkulatorische Wagnisse in der Kosten- und Leistungsrechnung sinnvoller Weise angesetzt werden?

2.9

Aufgrund der unternehmerischen Tätigkeit entsteht eine Reihe von Risiken, die zu außerplanmäßigem Wertverzehr führen können. Generell werden unterschieden:

- Das **allgemeine Unternehmerwagnis**. Es betrifft die Unternehmung als Ganzes. Hierzu zählen etwa konjunkturelle Schwankungen, Inflationen oder Nachfrageverschiebungen. Das allgemeine Unternehmerrisiko findet in der Kosten- und Leistungsrechnung keine Berücksichtigung, da es bereits im Gewinn abgegolten ist.

  Das allgemeine Unternehmerrisiko findet in der KLR keine Berücksichtigung, da es im Gewinn abgegolten ist

- **Einzelwagnisse**. Diese beziehen sich hingegen auf konkrete unternehmerische Teilbereiche oder Tätigkeiten, die im Zusammenhang mit der betrieblichen Leistungserstellung stehen. Einzelwagnisse können als betriebsbezogen angesehen werden. Ein Ansatz im Rahmen kalkulatorischer Wagnisse kommt dann in Frage, wenn diese Risiken nicht anderweitig (z.B. Versicherungskosten) abgesichert worden sind.

Als Einzelwagnisse kommen in Betracht:

Wagnisart	Wagnisursache	Mögliche Bezugsgröße
Anlagenwagnis	Technische Störungen, Verluste durch Maschinenausfälle, Unfälle, Katastrophen usw.	Wert des Anlagevermögens zu Anschaffungskosten oder zum Buchwert
Beständewagnis	Lagerverluste beim Vorratsvermögen durch Schwund, Verderb, Diebstahl, Veralten	Durchschnittlicher Wert des Lagerbestandes
Fertigungswagnis	Material- oder Konstruktionsfehler, Ausschuss	Fertigungskosten
Gewährleistungswagnis	Inanspruchnahme von Kunden aufgrund von Garantieverpflichtungen	Höhe des Umsatzes von Erzeugnissen mit Garantieverpflichtungen
Vertriebswagnis	Forderungsausfälle	Umsatz oder durchschnittlicher Forderungsbestand
Fremdwährungswagnis	Währungsverluste	Umsatz
Arbeitswagnis	Krankheitsbedingte Fehlzeiten mit Lohnfortzahlung	Höhe der Lohnkosten
Entwicklungswagnis	Kosten durch fehlgeschlagene Forschungs- und Entwicklungsarbeiten	Höhe der Entwicklungskosten

Tab. 2.1:   Arten und Ursachen ausgewählter Einzelwagnisse

2.10 | **Welche Analogien aus der Kostenartenrechnung lassen sich für die Leistungsartenrechnung ziehen?**

Aus der Kostenartenrechnung ergibt sich als Pendant die **Leistungsartenrechnung**. Hinsichtlich der Abgrenzung der Leistungen sollten die gleichen Kriterien gelten wie für die Kosten, um anschließend eine aussagefähige rechnerische Gegenüberstellung vornehmen zu können. Man unterscheidet:

- **Grundleistungen**: Grundleistungen sind betriebszweckbezogene und periodengerechte Erträge. Die betreffenden Ertragspositionen werden in gleicher Höhe als Leistungen übernommen. Zweifellos stellen die **Umsatzerlöse die bedeutendste Grundleistung** dar.

Welche Grundleistungen zum Ansatz kommen, hängt vom jeweiligen Betriebszweck ab

Welche weiteren Grundleistungen zum Ansatz kommen, hängt vom jeweiligen **Betriebszweck** ab. So sind Zinserträge einer Bank Grundleistungen, während die Zinserträge eines Handelsbetriebs betriebs-

Kosten- und Leistungsrechnung

zweckfremd sind. Allerdings bedeutet dies nicht, dass die Zinserträge eines Handelsbetriebes gänzlich aus der Kosten- und Leistungsrechnung auszuklammern sind, sondern dass sie im Hinblick auf den Auftrag „Waren einkaufen und verkaufen" zweckfremd sind. Der finanzielle Bereich des Handelsbetriebes kann aus kostenrechnerischer Sicht allerdings als ein separater Betrieb angesehen werden, dem dann die Zinserträge als Leistungen zuzuordnen sind.

- **Andersleistungen**: Andersleistungen werden mit einem anderen Betrag aus der Finanzbuchhaltung (Gewinn- und Verlustrechnung) in die Betriebsbuchhaltung (Kosten- und Leistungsrechnung) übernommen. Dies kann etwa bei **aktivierten Eigenleistungen** der Fall sein. Im bilanziellen Sinne sind hierunter selbst hergestellte aktivierte Gegenstände des abnutzbaren Sachanlagevermögens zu verstehen, wie z. B. selbst erstellte Maschinen oder Werkzeuge. Wenn sich die Bewertungen zu handelsrechtlichen Herstellungskosten sowie zu kostenrechnerischen Herstellkosten nicht entsprechen, dann stellen aktivierte Eigenleistungen Andersleistungen dar. Im Falle übereinstimmender Werte handelt es sich um Grundleistungen.

  Andersleistungen werden mit einem anderen Betrag aus der Finanzbuchhaltung in die Betriebsbuchhaltung übernommen

  Weitere betriebliche Leistungen entstehen in Form von **Bestandserhöhungen**. Hierbei handelt es sich um die hergestellten, aber noch nicht verkauften Produkte. Nach dem Handelsrecht existieren hierfür beim Wertansatz Wahlmöglichkeiten zwischen Vollkosten (minus Vertriebskosten) und Teilkosten. Die Bestimmung des Wertansatzes von Bestandsveränderungen unterliegt bilanztaktischen Erwägungen. Aus Sicht der Kosten- und Leistungsrechnung sind jedoch nur die Wertanteile zu berücksichtigen, die in den hervorgebrachten Leistungen tatsächlich entstehen. Insofern sind Bestandserhöhungen an fertigen und unfertigen Erzeugnissen in der Betriebsbuchhaltung (Kosten- und Leistungsrechnung) maximal mit Herstellkosten zu bewerten. Im Falle von Abweichungen zu den bilanziellen Werten liegen hier Andersleistungen vor. Im Falle übereinstimmender Werte handelt es sich um Grundleistungen.

  Wahlmöglichkeiten zwischen Vollkosten und Teilkosten

- **Zusatzleistungen**: Darüber hinaus entstehen im Betrieb Leistungen, die in der Finanzbuchhaltung nicht angesetzt werden dürfen. Gemeint sind der unentgeltliche Erwerb sowie die Erstellung von immateriellem Anlagevermögen, wobei für diese Vorgänge handels- und steuerrechtlich ein Aktivierungsverbot besteht. Somit können auch keine bilanziellen Erträge verbucht werden. Im kalkulatorischen Sinne stellen diese Vorgänge in der Regel aber Leistungen dar, sofern der Wertzuwachs betriebsbezogen und periodengerecht ist. Eine solche Zusatzleistung besteht beispielsweise in selbst erstellten EDV-Programmen für die Verwaltung. Zusatzleistungen stellen also Wertzuwächse dar, für die handelsrechtlich Aktivierungsverbote bestehen.

  Zusatzleistungen stellen Wertzuwächse dar, für die handelsrechtlich Aktivierungsverbote bestehen

Die **Wertansätze für Leistungen** ergeben sich grundsätzlich aus analogen Überlegungen für die Kostenbewertung. Grundleistungen werden in der Regel zu realisierten Marktpreisen (Tageswerte des Verkaufstages) ange-

Um Schwankungen im Wert-
ansatz zu vermeiden, können
Leistungen mit festen Verrechnungspreisen angesetzt werden

setzt. Für Bestandserhöhungen ist der Ansatz mit anteiligen Herstel-lungskosten üblich. Wertansätze für Zusatzleistungen können anteilige Herstellungskosten, geschätzte Verkaufspreise oder geschätzte Anschaffungspreise sein. Im Hinblick auf geschätzte Verkaufspreise ist allerdings anzumerken, dass diese noch nicht realisierte Gewinne enthalten. Um Schwankungen im Wertansatz zu vermeiden, können Leistungen alternativ auch mit festen Verrechnungspreisen angesetzt werden.

2.11 Welche Aufgaben hat die Kostenstellenrechnung?

Der Zweck der Kostenstellenrechnung besteht in der Verteilung der Kosten auf die Orte ihrer Entstehung. Daraus lassen sich folgende (Teil-)Aufgaben ableiten:

- Darstellung der **Leistungsbeziehungen** zwischen Betriebseinheiten (Kostenstellen).
- Kontrolle der **Wirtschaftlichkeit** von Betriebseinheiten, da an dieser Stelle die Kosten zu verantworten und zu beeinflussen sind.
- Grundlage für die **Ermittlung von Zuschlags- und Verrechnungssätzen**, die zu kalkulatorischen Zwecken benötigt werden.
- Ermittlung von relevanten Kosten aus den jeweiligen Betriebsbereichen zu **Planungszwecken**.

2.12 Im Hinblick auf den Ablauf der Kostenverrechnung ergeben sich unterschiedliche Arten von Kostenstellen. Wie werden die jeweiligen Kostenstellen bezeichnet?

Nachdem die Kosten den jeweiligen Kostenstellen zugeordnet worden sind, können sie von dort auf verschiedene Arten weiterverrechnet werden. Unterschieden werden:

- **Hauptkostenstellen**: Als Hauptkostenstellen werden solche Kostenstellen bezeichnet, deren Kosten nicht auf andere Kostenstellen, sondern direkt auf die Kostenträger (Produkte, Leistungen) verrechnet werden. Für einen Industriebetrieb typische Hauptkostenstellen sind:
  - Materialkostenstelle
  - Fertigungskostenstelle
  - Verwaltungskostenstelle
  - Vertriebskostenstelle
- **Hilfskostenstellen**: Demgegenüber sind Hilfskostenstellen alle Kostenstellen, deren Kosten nicht direkt auf die Kostenträger, sondern erst auf andere (Haupt- oder Hilfs-)Kostenstellen verteilt werden. Innerhalb der Hilfskostenstellen können **allgemeine** Hilfskostenstellen und **besondere** Hilfskostenstellen unterschieden werden. Allgemeine Kostenstellen erbringen Vorleistungen für mehrere Kostenstellen, im Extremfall für alle (z. B. Stromstelle). Dagegen unterstützen besondere Hilfskostenstellen nur eine Kostenstelle (z. B. Arbeitsvorbereitung).

Führen Sie für die anliegenden Kostenstellen eine innerbetriebliche Leistungsverrechnung nach dem Anbauverfahren durch. Wie hoch sind die jeweiligen Verrechnungssätze?

Die **primären Gemeinkosten** verteilen sich wie folgt:

Kostenstelle	Hilfskostenstellen			Hauptkostenstellen			
	Fuhrpark	Reparatur	Strom	Material	Fertigung	Verwaltung	Vertrieb
Primäre GK	30.000	20.000	5.000	80.000	120.000	50.000	25.000

Zwischen den Kostenstellen sind folgende **Leistungsabgaben** angefallen:

Leistungs-abgabe	Empfangende Kostenstelle						
	Fuhrpark	Reparatur	Strom	Material	Fertigung	Verwaltung	Vertrieb
Fuhrpark (12.000 gef. Kilometer)		3.000	1.000	3.000	1.500	500	3.000
Reparatur (1.800 geleistete Stunden)	100		100	400	900	100	200
Strom (10.000 Kilowattstunden)	1.000	1.000		1.500	5.000	500	1.000

Die jeweiligen **Verrechnungssätze** beziehen sich auf die an die Hauptkostenstellen abgegebenen Leistungseinheiten:

- Verrechnungssatz Fuhrpark: 30.000 € / 8.000 km = 3,75 €/km
- Verrechnungssatz Reparatur: 20.000 € / 1.600 h = 12,5 €/h
- Verrechnungssatz Strom: 5.000 € / 8.000 kWh = 0,625 €/kWh

Anhand der Verrechnungssätze ergeben sich die nachstehenden **Kostenumlagen** auf die Hauptkostenstellen (jeweils in €):

Kostenstelle	Fuhrpark	Reparatur	Strom	Material	Fertigung	Verwaltung	Vertrieb
Primäre GK	30.000	20.000	5.000	80.000	120.000	50.000	25.000
Sekundäre GK				11.250	5.625	1.875	11.250
				5.000	11.250	1.250	2.500
				937,50	3.125	312,50	625
Summe GK	–	–		97.187,50	140.000	53.437,50	39.375

Führen Sie für die anliegenden Kostenstellen eine innerbetriebliche Leistungsverrechnung nach dem Stufenleiterverfahren durch. Wie hoch sind die jeweiligen Verrechnungssätze?

Die **primären Gemeinkosten** verteilen sich wie folgt:

Kostenstelle	Hilfskostenstellen			Hauptkostenstellen			
	Fuhrpark	Reparatur	Strom	Material	Fertigung	Verwaltung	Vertrieb
Primäre GK	30.000	20.000	5.000	80.000	120.000	50.000	25.000

Zwischen den Kostenstellen sind folgende **Leistungsabgaben** angefallen:

Leistungs-abgabe	Empfangende Kostenstelle						
	Fuhrpark	Reparatur	Strom	Material	Fertigung	Verwaltung	Vertrieb
Fuhrpark (12.000 gef. Kilometer)		3.000	1.000	3.000	1.500	500	3.000
Reparatur (1.800 geleis-tete Stunden)	100		100	400	900	100	200
Strom (10.000 Kilo-wattstunden)	1.000	1.000		1.500	5.000	500	1.000

Zunächst sind die **Verrechnungssätze** pro Leistungseinheit der betreffenden Hilfskostenstellen zu ermitteln:
- Verrechnungssatz Fuhrpark:
  30.000 € / 12.000 km = 2,50 € / km
  Da die Umlage auf alle anderen Kostenstellen vorgenommen wird, erfolgt die Berechnung auf Basis aller abgegebenen Kilometer.

- Verrechnungssatz Reparatur:
  (20.000 € + 7.500 €) / 1.700 h ≈ 16,18 € / h
  Die Reparaturstelle wird zusätzlich mit sekundären Gemeinkosten in Höhe von 3.000 · 2,50 € = 7.500 € belastet. Bei der Verrechnung der Gemeinkosten in Höhe von 27.500 € werden die abgegebenen Leistungen an die Hilfskostenstelle Fuhrpark systembedingt nicht berücksichtigt.

- Verrechnungssatz Strom:
  (5.000 € + 1.000 · 2,50 € + 100 · 16,18 €) / 8.000 kWh ≈ 1,14 € / kWh
  Die Stromstelle wird zusätzlich mit sekundären Gemeinkosten in Höhe von 1.000 · 2,50 € + 100 · 16,18 € ≈ 4.118 € aus den beiden vorgelagerten Hilfskostenstellen belastet. Bei der Verrechnung der Gemein-

kosten werden die abgegebenen Leistungen an die Hilfskostenstellen Fuhrpark und Reparatur systembedingt nicht berücksichtigt.

Anhand der Verrechnungssätze ergeben sich die nachstehenden **Kostenumlagen** auf die Hauptkostenstellen (jeweils in €):

Kostenstelle	Fuhrpark	Reparatur	Strom	Material	Fertigung	Verwaltung	Vertrieb
Primäre GK	30.000	20.000	5.000	80.000	120.000	50.000	25.000
Sekundäre GK	└─────→	7.500	2.500	7.500	3.750	1.250	7.500
		27.500 ──→	1.617,65	6.470,59	14.558,82	1.617,65	3.235,29
			9.117,65 ──→	1.709,56	5.698,53	569,85	1.139,71
Summe GK	–	–		95.680,15	144.007,35	53.437,50	36.875

2.15

Führen Sie für die anliegenden Kostenstellen eine innerbetriebliche Leistungsverrechnung nach dem Gleichungsverfahren (Simultanverfahren) durch. Wie hoch sind die jeweiligen Verrechnungssätze?

Die **primären Gemeinkosten** verteilen sich wie folgt:

	Hilfskostenstellen			Hauptkostenstellen			
Kostenstelle	Fuhrpark	Reparatur	Strom	Material	Fertigung	Verwaltung	Vertrieb
Primäre GK	30.000	20.000	5.000	80.000	120.000	50.000	25.000

Zwischen den Kostenstellen sind folgende **Leistungsabgaben** angefallen:

Leistungsabgabe	Empfangende Kostenstelle						
	Fuhrpark	Reparatur	Strom	Material	Fertigung	Verwaltung	Vertrieb
Fuhrpark (12.000 gef. Kilometer)		3.000	1.000	3.000	1.500	500	3.000
Reparatur (1.800 geleistete Stunden)	100		100	400	900	100	200
Strom (10.000 Kilowattstunden)	1.000	1.000		1.500	5.000	500	1.000

Zunächst sind wiederum die **Verrechnungssätze** pro Leistungseinheit der betreffenden Hilfskostenstellen zu ermitteln:

- Fuhrpark: 30.000 € + 100 p2 + 1.000 p3   =   12.000 p1
- Reparatur: 20.000 € + 3.000 p1 + 1.000 p3   =   1.800 p2
- Strom: 5.000 € + 1.000 p1 + 100 p2   =   10.000 p3

Durch Umformung der Gleichungen ergibt sich:

1.000 p3 = 12.000 p1 − 100 p2 − 30.000 €
1.000 p3 = − 3.000 p1 + 1.800 p2 − 20.000 €

Beide Gleichungen werden gleichgesetzt und nach einer Variablen (hier: p1) aufgelöst:

12.000 p1 − 100 p2 − 30.000 € = − 3.000 p1 + 1.800 p2 − 20.000 €
$\Rightarrow$ 15.000 p1 = 1.900 p2 + 10.000 €
$\Rightarrow$ p1 = (1.900/15.000) p2 + 2/3 €

p1 wird nun in der zweiten Ausgangsgleichung durch (1.900/15.000) p2 + 2/3 € ersetzt.

20.000 € + 3.000 (1.900/15.000 p2 + 2/3 €) + 1.000 p3 = 1.800 p2
$\Rightarrow$ 20.000 € + 380 p2 + 2.000 € + 1.000 p3 = 1.800 p2
$\Rightarrow$ 22.000 € + 1.000 p3 = 1.420 p2
$\Rightarrow$ p3 = 1,42 p2 − 22 €

In der dritten Ausgangsgleichung wird nun p3 durch 1,42 p2 − 22 € ersetzt:

5.000 € + 1.000 p1 + 100 p2 = 10.000 (1,42 p2 − 22 €)
$\Rightarrow$ 5.000 € + 1.000 p1 + 100 p2 = 14.200 p2 − 220.000 €
$\Rightarrow$ 1.000 p1 = 14.100 p2 − 225.000 €
$\Rightarrow$ p1 = 14,1 p2 − 225 €

Diese Gleichung kann mit der obigen Gleichung für p1 gleichgesetzt werden:

14,1 p2 − 225 € = 1.900 / 15.000 p2 + 2/3 €
$\Rightarrow$ 14,1 p2 − (1.900 / 15.000) p2 = 225 € + 2/3 €

Für p2 ergibt sich also:
$\Rightarrow$ **p2 = 16,15 €**

Nun werden noch die Werte für p1 und p3 ermittelt:

p1 = 14,1 · 16,15 € − 225 €
$\Rightarrow$ **p1 = 2,72 €**

p3 = 1,42 · 16,15 € − 22 €
$\Rightarrow$ **p3 = 0,93 €**

Die Verrechnungspreise sind 2,72 € je abgegebenen Kilometer für die Hilfskostenstelle Fuhrpark; 16,15 € je abgegebener Stunde für die Hilfskostenstelle Reparatur sowie 0,93 € je abgegebener Kilowattstunde für die Hilfskostenstelle Strom.

Im anliegenden Betriebsabrechnungsbogen (BAB) sind zunächst die primären Gemeinkosten auf den jeweiligen Kostenstellen ermittelt worden. Ermitteln Sie die gesamten Gemeinkosten je Kostenstelle. Führen Sie anschließend eine Verrechnung der Hilfskostenstellen Reparatur und Fuhrpark durch. Es wird davon ausgegangen, dass die Produktionsmenge der Absatzmenge entspricht. Wie hoch sind die jeweiligen Zuschlagssätze auf den Hauptkostenstellen?

Den ergänzten Betriebsabrechnungsbogen (= Lösung) finden Sie am Ende des Buches auf Seite 83.

Kostenstellen / Kostenarten	Betrag insgesamt	Fuhrpark	Reparatur	Material	Fertigung	Verwaltung	Vertrieb
Gehälter	530.000	30.000	35.000	20.000	20.000	225.000	200.000
Hilfslöhne	320.000	30.000	40.000	120.000	130.000	–	–
Miete	280.000	25.000	30.000	70.000	80.000	35.000	40.000
Betriebsstoffe	60.000	7.000	6.000	22.000	25.000	–	–
Kalk. Abschreibungen	240.000	24.000	17.000	52.000	57.000	47.000	43.000
Kalk. Zinsen	120.000	12.000	11.000	25.000	27.000	22.000	23.000
Kalk. Unternehmerlohn	100.000	–	–	25.000	25.000	25.000	25.000
Sonst. Betriebskosten	80.000	8.000	7.000	17.000	17.000	16.000	15.000
Umlage Fuhrpark	–	–	1:	4:	3:	2:	6:
Umlage Reparatur			1:	5:	1:	3:
Materialeinzelkosten				730.000			
Fertigungseinzelkosten					850.000		

Bei den Systemen der Vollkostenrechnung tritt innerhalb der Kostenstellenrechnung grundsätzlich das Problem auf, die betreffenden Gemeinkostenzuschlagssätze zu ermitteln. Dazu wird üblicherweise der BAB verwendet. Bei der Ermittlung der Gemeinkostenzuschlagssätze mittels BAB sind die folgenden kritischen Überlegungen angebracht:

- Im BAB werden die Zuschlagssätze auf der Grundlage **unterschiedlicher Basisgrößen** gebildet. Beispielsweise bilden im Material- und Fertigungsbereich die jeweiligen Einzelkosten die Basis, während die

Zuschlagssätze für Verwaltung und für Vertrieb auf der Grundlage der Herstellkosten entstehen.
- Der jeweils ermittelte Gemeinkostenzuschlagssatz ist lediglich für einen **spezifischen Beschäftigungsgrad** gültig. Bei Veränderungen des Beschäftigungsgrades ändern sich folglich auch die Gemeinkostenzuschlagssätze.
- Im BAB wird eine **Proportionalität** von Einzelkosten und Gemeinkosten **unterstellt**. Dieses Verhältnis ist umso weniger gegeben, je größer der Anteil der Fixkosten an den Gemeinkosten ist.

<table>
<tr><td>**2.18**</td><td>**Welche Aufgaben werden innerhalb der Kostenträgerrechnung wahrgenommen?**</td></tr>
</table>

Die Kostenträgerrechnung bildet den Abschluss der Kosten- und Leistungsrechnung und soll die Frage beantworten: **Wofür sind die Kosten angefallen?**

Die Kostenträgerrechnung übernimmt die Einzelkosten aus der Kostenartenrechnung und die Gemeinkosten aus der Kostenstellenrechnung. Durch Gegenüberstellung dieser Größen mit den Leistungen ist die Ermittlung des betrieblichen Erfolges möglich.

Aufgaben der Kostenträgerrechnung

Die Aufgaben der Kostenträgerrechnung sind:
- Ermittlung der **stückbezogenen Herstell- und Selbstkosten**
- Ermittlung des **zeitbezogenen betrieblichen Erfolges**
- Bereitstellung von Informationen für **preispolitische Entscheidungen** (Angebotspreise, Preisuntergrenzen)
- Bereitstellung von Informationen zur **Bewertung von unfertigen und fertigen Erzeugnisse sowie selbst erstellten Anlagen** in der Handelsbilanz
- Bereitstellung von Informationen für **beschaffungspolitische Entscheidungen** (z. B. über Eigenfertigung oder Fremdbezug)
- Bereitstellung von Informationen für **programmpolitische Entscheidungen** (z. B. über die Eliminierung einzelner Produkte)

Die Aufgaben der Kostenträgerrechnung werden in Form der Kostenträgerstückrechnung bzw. der Kostenträgerzeitrechnung erfüllt:

Unterscheidung: Kostenträgerstückrechnung und Kostenträgerzeitrechnung

- Die **Kostenträgerstückrechnung** ermittelt die **stückbezogenen** Herstell- bzw. Selbstkosten einzelner betrieblicher Leistungen. Sie wird auch als **Kalkulation** bezeichnet. Kostenträgerstückrechnungen können zu verschiedenen Zeitpunkten bzw. Anlässen stattfinden. Zu unterscheiden sind Vorkalkulationen (zu Planungszwecken), Zwischenkalkulationen (bei Kostenträgern mit langer Lebensdauer zur einstweiligen Kontrolle) und Nachkalkulationen (zu Kontrollzwecken).
- Die **Kostenträgerzeitrechnung** ist **periodenbezogen** und stellt den betrieblichen Kosten die Leistungen gegenüber. Die Kostenträgerzeit-

rechnung kann in Form der **kurzfristigen Erfolgsrechnung** (Betriebs-ergebnisrechnung) durchgeführt werden. Darüber hinaus besteht die Möglichkeit der **Auswertung des Erfolges nach verschiedenen Kostenträgern**.

Welche Zusammenhänge bestehen zwischen Fertigungsart und Kalkulationsverfahren?

2.19

- **Einzelfertigung**: Verschiedenartige Produkte werden in einem mehrstufigen Prozess hergestellt (Beispiel: Spezialanlagenbau).
  Geeignete Kalkulationsverfahren sind die Zuschlagskalkulation sowie die Maschinenstundensatzrechnung.
- **Serienfertigung**: Herstellung verschiedener Produkte in einer jeweils begrenzten Anzahl (Beispiel: PKW-Produktion).
  Geeignet sind insbesondere die Zuschlagskalkulation und die Maschinenstundensatzrechnung.
- **Sortenfertigung**: Herstellung einiger weniger Produkte, die zu einer Gütergattung zählen. Dies ist beispielsweise bei der Herstellung von Bier oder Ziegeln der Fall.
  Geeignet ist hier insbesondere die Äquivalenzziffernrechnung.
- **Massenfertigung**: Einheitliche Erzeugnisse werden ein- oder mehrstufig in großen Mengen hergestellt. Hierzu zählt etwa die Produktion von Strom oder Zigaretten.
  Das geeignete Kalkulationsverfahren ist hier die Divisionskalkulation.
- **Kuppelproduktion**: Aus einem Produktionsprozess resultieren mehrere Produktarten, wie etwa bei der Produktion von Heizöl und Benzin.
  Die Kalkulationsverfahren der Kuppelproduktion sind die Restwert- oder die Verteilungsrechnung.

Ermitteln Sie die Selbstkosten pro Stück für folgendes Beispiel.

2.20

Ein Unternehmen stellt 3.500 Stück eines Erzeugnisses her. Die Kosten belaufen sich in der Abrechnungsperiode auf 78.400 €. Es finden keine Lagerbestandsveränderungen statt.

Hier ist die **einstufige Divisionskalkulation** zweckmäßig.

Als Selbstkosten pro Stück ergeben sich:
78.400 € / 3.500 Stück = 22,40 € / Stück

Wie hoch sind die Stückkosten in diesem Beispiel?

2.21

Ein Unternehmen produziert 5.000 Stück eines Erzeugnisses, von denen 4.500 Stück verkauft werden. Die Gesamtkosten der Periode belaufen sich auf 63.000 €, darin enthalten sind 10.800 € Verwaltungs- und Vertriebskosten.

Herstellkosten je Stück   = 52.200 € / 5.000 = 10,44 € / Stück

Selbstkosten je Stück   = 52.200 € / 5.000 + 10.800 € / 4.500
                     = 10,44 € + 2,40 € = 12,84 € / Stück

2.22   Wie hoch sind hier die Stückkosten? Wie hoch sind die Lagerbestandsveränderungen an fertigen und unfertigen Erzeugnissen?

Ein Unternehmen produziert ein Erzeugnis in zwei Fertigungsstufen. In der Abrechnungsperiode sind folgende Kosten angefallen:
- Fertigungsstufe 1: 5.500 unfertige Erzeugnisse werden zu 45.815 € erstellt.
- Fertigungsstufe 2: 5.000 unfertige Erzeugnisse werden mit weiteren Kosten von 22.500 € weiterverarbeitet.

Die Verwaltungs- und Vertriebskosten betragen 4.500 €. Abgesetzt werden 6.000 Stück.

Herstellkosten der unfertigen Erzeugnisse:
45.815 € / 5.500 = 8,33 € / Stück

Herstellkosten der fertigen Erzeugnisse:
45.815 € / 5.500 + 22.500 € / 5.000 = 8,33 € + 4,50 € = 12,83 €/ Stück

Selbstkosten je Stück:
45.815 € / 5.500 + 22.500 € / 5.000 + 4.500 € / 6.000
= 8,33 € + 4,50 € + 0,75 € = 13,58 € / Stück

Lagerbestandserhöhungen der unfertigen Erzeugnisse:
8,33 € · 500 = 4.165 €

Lagerbestandsminderungen der fertigen Erzeugnisse:
12,83 € · 1.000 = 12.830 €

2.23   Wie hoch sind die Selbstkosten (pro Stück und insgesamt) jeder Sorte, die sich mithilfe der Äquivalenzziffernkalkulation ergeben?

Eine Ziegelei erstellt fünf Sorten von Ziegeln A, B, C, D, E.
Die Stückkosten der Sorten stehen im Verhältnis 2 (A): 3 (B): 5 (C): 4 (D): 2 (E) zueinander. Die gesamten Kosten betragen 28.240 €.
Die Herstellungsmengen belaufen sich auf 1.800 Stück bei A, 2.400 Stück bei B, 2.500 Stück bei C, 1.500 Stück bei D sowie 3.000 Stück bei E.

Sorte	Menge in Stück	Äquivalenz-ziffer	Rechnungs-einheiten (RE)	Kosten je RE	Stückkosten jeder Sorte (je Stück)	Selbstkosten je Sorte
A	1.800	2	3.600	28.240 €/	1,60	2.880
B	2.400	3	7.200	35.300 RE	2,40	5.760
C	2.500	5	12.500	= 0,80 €	4,00	10.000
D	1.500	4	6.000	je RE	3,20	4.800
E	3.000	2	6.000		1,60	4.800
Σ			35.300			28.240

Wie hoch sind die Selbstkosten je Stück und je Sorte insgesamt in diesem Beispiel? **2.24**

Eine Bäckerei stellt vier Brotsorten A, B, C und D her.
Die Materialstückkosten stehen im Verhältnis 1 (A): 1,2 (B): 1,6 (C): 2,4 (D) zueinander. Insgesamt sind 5.250 € an Materialkosten angefallen. Die sonstigen Stückkosten verteilen sich gemäß der Äquivalenzziffern 2 (A): 3 (B): 4 (C): 1 (D). Die gesamten sonstigen Kosten betragen 7.650 €.
Die hergestellten und abgesetzten Mengen betragen 300 Stück bei Sorte A, 500 Stück bei Sorte B, 700 Stück bei Sorte C und 200 Stück bei Sorte D.

Materialkosten:

Sorte	Menge in Stück	Äquivalenz-ziffer	Rechnungs-einheiten (RE)	Kosten je RE	Material-Stückkosten jeder Sorte	Materialkosten je Sorte
A	300	1	300	5.250 €/	2,10	630
B	500	1,2	600	2.500 RE	2,52	1.260
C	700	1,6	1.120	= 2,10 €	3,36	2.352
D	200	2,4	480	je RE	5,04	1.008
Σ			2.500			5.250

Sonstige Kosten:

Sorte	Menge in Stück	Äquivalenz-ziffer	Rechnungs-einheiten (RE)	Kosten je RE	Sonstige Stückkosten jeder Sorte	Sonstige Kosten je Sorte
A	300	2	600	7.650 €/	3,00	900
B	500	3	1.500	5.100 RE	4,50	2.250
C	700	4	2.800	= 1,50 €	6,00	4.200
D	200	1	200	je RE	1,50	300
Σ			5.100			7.650

Selbstkosten je Stück:
- A: 2,10 € + 3,00 €   = 5,10 €
- B: 2,52 € + 4,50 €   = 7,02 €
- C: 3,36 € + 6,00 €   = 9,36 €
- D: 5,04 € + 1,50 €   = 6,54 €

Selbstkosten je Sorte:
- A: 630 € + 900 €   = 1.530 €
- B: 1.260 € + 2.250 €   = 3.510 €
- C: 2.352 € + 4.200 €   = 6.552 €
- D: 1.008 € + 300 €   = 1.308 €

2.25

Wie hoch ist in diesem Beispiel der Zuschlagssatz zur Kostendeckung? Wie hoch sind die jeweiligen Selbstkosten pro Stück?

In einem Betrieb werden fünf Produkte mit folgenden Einzelkosten hergestellt:

Produkt	A	B	C	D	E
Einzelkosten in €	22.500	30.000	50.000	25.000	35.000
Menge in Stück	5.000	3.000	12.500	2.500	7.000

In der Abrechnungsperiode sind Gemeinkosten in Höhe von 65.000 € angefallen.

Zunächst wird der Zuschlagssatz zur Kostendeckung ermittelt:

$$Zuschlagssatz\ zur\ Kostendeckung = \frac{65.000}{162.500} = 0,4 = 40\%$$

Produkt	A	B	C	D	E
Einzelkosten in €	22.500	30.000	50.000	25.000	35.000
Gemeinkosten (40 %)	9.000	12.000	20.000	10.000	14.000
Selbstkosten je Produkt in €	31.500	42.000	70.000	35.000	49.000
Menge in Stück	5.000	3.000	12.500	2.500	7.000
Selbstkosten pro Stück	6,30	14,00	5,60	14,00	7,00

2.26

Wie hoch sind die Selbstkosten des Produktes in diesem Beispiel?

Über ein Produkt liegen folgende Kosteninformationen liegen vor:
- Materialeinzelkosten: 32.000 €
- Fertigungseinzelkosten: 25.000 €
- Sondereinzelkosten der Fertigung: 3.000 €
- Sondereinzelkosten des Vertriebs: 5.000 €

KOSTEN- UND LEISTUNGSRECHNUNG

In der Kostenstellenrechnung wurden folgende Gemeinkostenzuschlagssätze ermittelt:

- Materialgemeinkosten: 40 %
- Fertigungsgemeinkosten: 60 %
- Verwaltungsgemeinkosten: 25 %
- Vertriebsgemeinkosten: 15 %

Ermittlung der Selbstkosten (in €):

	Materialeinzelkosten	32.000
+	Material-GK (40 %)	12.800
=	Materialkosten (M)	44.800
	Fertigungseinzelkosten	25.000
+	Fertigungs-GK (60 %)	15.000
+	Sondereinzelkosten d. F.	3.000
=	Fertigungskosten (F)	43.000
	Herstellkosten (= M + F)	87.800
+	Verwaltungsgemeink. (25 %)	21.950
+	Vertriebsgemeinkosten (15 %)	13.170
+	Sondereinzelkosten d. V.	5.000
=	Selbstkosten	127.920

Wie beurteilen Sie die Zuschlagskalkulation?   **2.27**

Im Vergleich zur Divisionskalkulation bzw. Äquivalenzziffernkalkulation
erfolgt eine zumeist präzisere Kostenzuordnung auf die jeweiligen Kostenträger. Es ist allerdings darauf zu verweisen, dass die differenzieren-
de Zuschlagskalkulation eine wesentlich genauere Verrechnung vor-
nimmt als die summarische Variante.

Als Kritikpunkte an der Zuschlagskalkulation lassen sich nennen:

- Es werden **proportionale Beziehungen** zwischen den Bezugsbasen
  und den Gemeinkosten **unterstellt**. Dies dürfte in der Realität selten
  der Fall sein, was insbesondere am Beispiel der Herstellkosten zur
  Verteilung der Verwaltungs- und Vertriebsgemeinkosten deutlich
  wird.
- Die ermittelten Zuschlagssätze gelten lediglich bei einer **bestimmten
  Beschäftigungslage**. Ändert sich die Beschäftigung, sind zur korrekten
  Gemeinkostenverrechnung veränderte Zuschlagssätze erforderlich.
- Die Ermittlung der Gemeinkostenzuschläge beruht auf **gegebenen
  Faktorpreisen**. Bei Erhöhung oder Verminderung der Faktorpreise än-
  dern sich in der Regel auch die Kostenrelationen zwischen Einzel- und
  Gemeinkosten.
- Gegebenenfalls sind Mengenschlüssel (z. B. Maschinenstunden) ge-
  eigneter als die **Verwendung von Werteschlüsseln**.

Wie hoch ist der Bruttoverkaufspreis für folgendes Produkt bei einem Umsatzsteuersatz in Höhe von 16%?

Für ein Produkt liegen folgende Informationen vor:
- Materialeinzelkosten: 520 €
- Materialgemeinkostenzuschlagssatz: 20%
- Fertigungseinzelkosten: 360 €
- Fertigungsgemeinkostenzuschlagssatz: 60%
- Verwaltungsgemeinkostenzuschlagssatz: 10%
- Vertriebsgemeinkostenzuschlagssatz: 8%
- Gewinnaufschlag: 40%
- Kundenskonto: 2%
- Kundenrabatt: 10%

Ermittlung des Bruttoverkaufspreises (in €):

	Materialeinzelkosten	520,00
+	Material-GK (20%)	104,00
=	Materialkosten (M)	624,00
	Fertigungseinzelkosten	360,00
+	Fertigungs-GK (60%)	216,00
=	Fertigungskosten (F)	576,00
	Herstellkosten (= M + F)	1.200,00
+	Verwaltungsgemeink. (10%)	120,00
+	Vertriebsgemeinkosten (8%)	96,00
=	Selbstkosten	1.416,00
+	Gewinnaufschlag (40%)	566,40
=	Barverkaufspreis	1.982,40
+	Kundenskonto (2% im Hundert)	40,46
=	Zielverkaufspreis	2.022,86
+	Kundenrabatt (10% im Hundert)	224,76
=	Nettoverkaufspreis	2.247,62
+	Umsatzsteuer (16%)	359,62
=	Bruttoverkaufspreis	2.607,24

Wie hoch sind die Stück-Selbstkosten der Produkte A und B?

In einem Betrieb werden zwei Produkte A und B hergestellt:
- Die **Herstellkosten** betragen für A 120.000 € und für B 180.000 €.
- Zur Herstellung von Produkt A werden 6 **Mitarbeiter** und von Produkt B 4 Mitarbeiter benötigt.
- Zur Herstellung von A wird eine **Raumfläche** von 100 qm beansprucht; die Raumfläche für B beträgt 120 qm.
- Während von A 4.000 Stück zu 220.000 € abgesetzt werden, beträgt der Absatz bei B 5.000 Stück bei einem Umsatz von 300.000 €.

- An **Verwaltungs- und Vertriebskosten** sind insgesamt 80.000 € entstanden.

Je nach gewählter Zuschlagsbasis ergeben sich unterschiedliche Selbstkosten für die Produkte A und B:

- **Zuschlagsbasis Herstellkosten**
  - Herstellkosten insgesamt: 120.000 € + 180.000 € = 300.000 €
  - Verwaltungs- und Vertriebsgemeinkostenzuschlagssatz:
    80.000 / 300.000 = 26,67 %

Selbstkosten A: 120.000 € · 1,2667 = 152.004 €
Stück-Selbstkosten A: 152.004 € / 4.000 = 38,00 €

Selbstkosten B: 180.000 € · 1,2667 = 228.006 €
Stück-Selbstkosten B: 228.006 € / 5.000 = 45,60 €

- **Zuschlagsbasis Mitarbeiter**
  - Mitarbeiter insgesamt: 6 + 4 = 10
  - Verwaltungs- und Vertriebskostenanteil A: 6 / 10 · 80.000 €
    = 48.000 €
  - Verwaltungs- und Vertriebskostenanteil B: 4 / 10 · 80.000 €
    = 32.000 €

Selbstkosten A: 120.000 € + 48.000 € = 168.000 €
Stück-Selbstkosten A: 168.000 €/4.000 = 42,00 €

Selbstkosten B: 180.000 € + 32.000 € = 212.000 €
Stück-Selbstkosten B: 212.000 €/5.000 = 42,40 €

- **Zuschlagsbasis Raumfläche**
  - Raumfläche insgesamt: 100 m² + 120 m² = 220 m²
  - Verwaltungs- und Vertriebskostenanteil A: 100 m² / 220 m² ·
    80.000 € = 36.363,64 €
  - Verwaltungs- und Vertriebskostenanteil B: 120 m² / 220 m² ·
    80.000 € = 43.636,36 €

Selbstkosten A: 120.000 € + 36.363,64 € = 156.363,64 €
Stück-Selbstkosten A: 156.363,64 € / 4.000 = 39,09 €

Selbstkosten B: 180.000 € + 43.636,36 € = 223.636,36 €
Stück-Selbstkosten B: 223.636,36 € / 5.000 = 44,73 €

- **Zuschlagsbasis Absatz**
  - Absatz insgesamt: 4.000 + 5.000 = 9.000
  - Verwaltungs- und Vertriebskostenanteil A: 4.000 / 9.000 · 80.000 €
    = 35.555,56 €

– Verwaltungs- und Vertriebskostenanteil B: 5.000 / 9.000 · 80.000 €
  = 44.444,44 €

Selbstkosten A: 120.000 € + 35.555,56 € = 155.555,56 €
Stück-Selbstkosten A: 155.555,56 €/4.000 = 38,89 €

Selbstkosten B: 180.000 € + 44.444,44 € = 224.444,44 €
Stück-Selbstkosten B: 224.444,44 €/5.000 = 44,89 €

- **Zuschlagsbasis Umsatz**
  – Umsatz insgesamt: 220.000 € + 300.000 € = 520.000 €
  – Verwaltungs- und Vertriebskostenanteil A: 220.000 €/520.000 €
    · 80.000 € = 33.846,15 €
  – Verwaltungs- und Vertriebskostenanteil B: 300.000 €/520.000 €
    · 80.000 € = 46.153,85 €

Selbstkosten A: 120.000 + 33.846,15 = 153.846,15 €
Stück-Selbstkosten A: 153.846,15 €/4.000 = 38,46 €

Selbstkosten B: 180.000 + 46.153,85 = 226.153,85 €
Stück-Selbstkosten B: 226.153,85 €/5.000 = 45,23 €

Verursachungsgerechte
Umlage der Gemeinkosten
selten exakt möglich

Die Rechnungen zeigen, dass die **unterschiedlichen Zuschlagsbasen** für Verwaltungs- und Vertriebskosten zu **unterschiedlichen Selbstkosten** der Produkte führen. Grundsätzlich sollen die Gemeinkosten möglichst verursachungsgerecht auf die Produkte umgelegt werden, was allerdings praktisch (und ebenso im Beispiel) kaum exakt möglich sein dürfte.

Üblicherweise werden die Verwaltungs- und Vertriebsgemeinkosten im Rahmen der Zuschlagskalkulation auf Basis der Herstellkosten verrechnet. Für Produkte mit hohen Herstellkosten wird damit unterstellt, im gleichen Ausmaß Vertriebsgemeinkosten zu beanspruchen, was nicht unbedingt der Realität entspricht, ebenso wenig wie ein proportionaler Zusammenhang zwischen Herstellkosten und Verwaltungskosten.

Die anderen genannten Alternativen sind jedoch noch fragwürdiger, auch hier ist nicht von realistischen proportionalen Zusammenhängen auszugehen. Im Falle der Umsatzerlöse wird sogar von einer Größe ausgegangen, die im Rahmen der Preiskalkulation erst kostenrechnerisch ermittelt werden soll.

2.30

Wie hoch sind die Selbstkosten des Produktes sowie die Stück-Selbstkosten in diesem Beispiel?

Folgende Einzel- und Gemeinkosten(zuschlagssätze) liegen vor:
- Materialeinzelkosten: 12.000 €
- Fertigungseinzelkosten: 8.500 €
- Sondereinzelkosten der Fertigung: 1.500 €

- Sondereinzelkosten des Vertriebs: 500 €
- Materialgemeinkostenzuschlag: 70 %
- Fertigungsgemeinkosten:
  - davon Maschinenkosten: 3.000 €
  - Restfertigungsgemeinkostenzuschlag: 30 %
- Verwaltungsgemeinkostenzuschlag: 20 %
- Vertriebsgemeinkostenzuschlag: 10 %

Die im Fertigungsbereich benötigte Maschinennutzungsdauer beträgt insgesamt 800 Stunden. Die produzierte und abgesetzte Stückzahl beträgt 150 Stück.

Ermittlung der **Selbstkosten des Produktes** (in €):

	Materialeinzelkosten	12.000
+	Material-GK (70 %)	8.400
=	Materialkosten (M)	20.400

	Maschinenkosten	3.000
+	Fertigungseinzelkosten	8.500
+	Restfertigungs-GK (30 %)	2.550
+	Sondereinzelkosten d. F.	1.500
=	Fertigungskosten (F)	15.550

	Herstellkosten (= M + F)	35.950
+	Verwaltungsgemeink. (20 %)	7.190
+	Vertriebsgemeinkosten (10 %)	3.595
+	Sondereinzelkosten d. Vertriebs	500
=	Selbstkosten	47.235

Die Selbstkosten des Produktes betragen 47.235,00 €.

Ermittlung der **Stück-Selbstkosten** (in €):
Hierzu ist zunächst der Maschinenstundensatz zu ermitteln:

$$Maschinenstundensatz = \frac{3.000\,€}{800\,h} = 3,75\,€/h$$

Je Stück werden 800 h/150 = 5 1/3 Fertigungsstunden benötigt.

Daraus folgt: Es fallen je Produkt 20 € maschinenabhängige Gemeinkosten an (5 1/3 · 3,75 = 20).

	Materialeinzelkosten	80,00
+	Material-GK (70 %)	56,00
=	Materialkosten (M)	136,00

	Maschinenkosten	20,00
+	Fertigungseinzelkosten	56,67
+	Restfertigungs-GK (30 %)	17,00
+	Sondereinzelkosten d. F.	10,00
=	Fertigungskosten (F)	103,67
	Herstellkosten (= M + F)	239,67
+	Verwaltungsgemeink. (20 %)	47,93
+	Vertriebsgemeinkosten (10 %)	23,97
+	Sondereinzelkosten d. Vertriebs	3,33
=	Stück-Selbstkosten	314,90

Die Stück-Selbstkosten betragen 314,90 €.

2.31 Berechnen Sie die Herstellkosten pro Liter des Hauptproduktes!

- Die Herstellkosten eines Kuppelkalkulationsprozesses betragen insgesamt 35.000 €.
- Vom Hauptprodukt werden 3.000 Liter, vom ersten Nebenprodukt 400 Liter, vom zweiten Nebenprodukt 200 Liter und vom dritten Nebenprodukt 100 Liter hergestellt.
- Nebenprodukt 1 wird für 1,50 € je Liter abgesetzt, es fallen noch Weiterverarbeitungskosten je Liter in Höhe von 0,80 € an. Nebenprodukt 2 wird für 2.20 € je Liter weiterverkauft bei entsprechenden Weiterverarbeitungskosten in Höhe von 1,00 €. Nebenprodukt 3 wird für 2,00 € je Liter entsorgt.

Anzuwenden ist die **Restwertmethode**, da das Ergebnis des Kuppelkalkulationsprozesses ein Hauptprodukt und mehrere Nebenprodukte liefert:

	Herstellkosten des Kuppelkalkulationsprozesses	35.000
−	Umsatzerlöse für Nebenprodukt (NP)	600
+	Weiterverarbeitungskosten für NP 1	320
−	Umsatzerlöse für Nebenprodukt (NP)	440
+	Weiterverarbeitungskosten für NP 2	200
+	Entsorgungskosten für NP 3	200
=	Herstellkosten des Hauptproduktes	34.680

Die Herstellkosten pro Liter des Hauptproduktes betragen:
34.680 € / 3.000 l = 11,56 €/l

2.32 Wie hoch sind die jeweiligen Herstellkosten pro Kilogramm?

Durch einen Kuppelkalkulationsprozess entstehen drei Produkte. Deren Marktpreise betragen:

- Produkt A: 25 € / kg
- Produkt B: 15 € / kg
- Produkt C: 12 € / kg

Die Herstellkosten betragen insgesamt 60.155 €. Die jeweiligen Produktionsmengen betragen bei Produkt A 500 kg, bei Produkt B 400 kg und bei C 350 kg.

Zur Anwendung kommt hier die **Verteilungsmethode**, da die Produkte relativ gleichwertig sind. Die Verteilung erfolgt hier auf Basis der Marktpreise und der hergestellten Mengen.

Produkt	Menge in kg	Äquivalenz- ziffer	Rechnungs- einheiten (RE)	Kosten je RE	Stückkosten je Sorte (pro kg)	Herstellkosten je Sorte
A	500	25	12.500	60.155 €/	66,25	33.125
B	400	15	6.000	22.700 RE	39,75	15.900
C	350	12	4.200	= 2,65 €/RE	31,80	11.130
Σ			22.700			60.155

Welche sind die Grundprinzipien des Gesamtkostenverfahrens und des Umsatzkostenverfahrens?

2.33

Nach der Kostengliederung und der Ergebnisermittlung können zwei Arten der Kostenträgerzeitrechnung eingesetzt werden, das Gesamtkostenverfahren und das Umsatzkostenverfahren. Beide Verfahren führen zwar zu gleichen Ergebnissen, unterscheiden sich aber hinsichtlich ihrer Konzeption.

Zwei Arten der Kostenträgerzeitrechnung

- Grundprinzip des **Gesamtkostenverfahrens**

Die Berechnung des Betriebsergebnisses nach dem Gesamtkostenverfahren erfolgt nach dem folgenden Schema:

	Umsatzerlöse
+/–	Bestandsveränderungen
+	aktivierte Eigenleistungen
–	Gesamtkosten
=	Betriebsergebnis

Nach dem Gesamtkostenverfahren werden die **gesamten Kosten einer Periode, nach Kostenarten** gegliedert, gegenübergestellt.

Das Gesamtkostenverfahren erfordert eine zeitliche Abgrenzung der Kosten und der Leistungen. Dies bereitet keine Probleme, wenn die Menge produzierter Güter der Absatzmenge entspricht und wenn keine

In der Regel unterscheiden
sich die Mengen der hergestellten und abgesetzten Güter

zu aktivierenden Eigenleistungen erstellt wurden. In der Praxis unterscheiden sich jedoch in der Regel die Mengen der hergestellten und abgesetzten Güter. Die Gesamtleistung besteht neben den Umsatzerlösen auch aus Bestandserhöhungen an fertigen und unfertigen Erzeugnissen und den anderen aktivierten Eigenleistungen (beispielsweise für selbst erstellte Maschinen). Diese Leistungen sind ebenfalls in der Abrechnungsperiode erbracht worden, haben jedoch (noch) zu keinen Umsatzerlösen geführt.

Bei der Ermittlung der Gesamtkosten sind neben den Kosten, die in dieser Periode angefallen sind, auch die **Bestandsminderungen an fertigen und unfertigen Erzeugnissen** zu berücksichtigen, die bereits in Vorperioden hergestellt wurden. Die Bestandsminderungen führen jedoch zu einem Wertverbrauch in der aktuellen Periode und sind deshalb mit Kosten zu bewerten.

- Grundprinzip des **Umsatzkostenverfahrens**

Umsatzerlöse und Kosten des Umsatzes werden einander gegenübergestellt

Dagegen ist das Umsatzkostenverfahren eine **Absatzerfolgsrechnung**, bei der zur Bestimmung des Betriebsergebnisses den Umsatzerlösen die Kosten des Umsatzes gegenübergestellt werden.

Das Grundschema lautet:

	Umsatzerlöse
−	Selbstkosten des Umsatzes
=	Betriebserfolg

Zur Bestimmung der **Selbstkosten** des Umsatzes ist folgende Rechnung erforderlich:

	Herstellkosten der Erzeugung der Abrechnungsperiode
+/−	Bestandsveränderungen bei unfertigen Erzeugnissen
=	Herstellkosten der fertiggestellten Menge
+/−	Bestandsveränderungen bei fertigen Erzeugnissen
=	Herstellkosten der Gesamtleistung
−	Aktivierte Eigenleistungen
=	Herstellkosten des Umsatzes
+	Verwaltungsgemeinkosten
+	Vertriebsgemeinkosten
=	Selbstkosten des Umsatzes

2.34

Worin unterscheiden sich die beiden Verfahren der Betriebsergebnisrechnung?

Die grundlegenden Unterschiede zwischen Gesamtkostenverfahren und Umsatzkostenverfahren verdeutlicht noch einmal die folgende Abbildung.

Gesamtkostenverfahren		Umsatzkostenverfahren	
Aktivierte Eigenleistungen	Gesamte Kosten der Abrechnungsperiode		Selbstkosten des Umsatzes
Bestandsveränderungen		Umsatzerlöse	
Umsatzerlöse			
	Betriebserfolg		Betriebserfolg

Abb. 2.2: *Gesamtkosten- und Umsatzkostenverfahren*

Die **Unterschiede und Gemeinsamkeiten** im Einzelnen:
- Umsatzkostenverfahren und Gesamtkostenverfahren führen zum gleichen Betriebserfolg.
- Beim Umsatzkostenverfahren werden den Umsatzerlösen die Selbstkosten des Umsatzes gegenübergestellt.
- Beim Gesamtkostenverfahren werden zusätzlich alle weiteren in der Periode erstellten Leistungen zu Herstellkosten berücksichtigt;
- diesen stehen in gleicher Höhe weitere Kosten gegenüber.
- Das Umsatzkostenverfahren ist nur bei einer voll ausgebauten Kostenstellen- und Kostenträgerrechnung durchführbar.
- Als vorteilhaft gegenüber dem Gesamtkostenverfahren erweist sich die Tatsache, dass keine Bestandsermittlungen von fertigen und unfertigen Erzeugnissen erforderlich sind. Damit wird insbesondere die Durchführung der kurzfristigen Erfolgsrechnung (KER) erleichtert.
- Im Gegensatz zum Gesamtkostenverfahren ermöglicht das Umsatzkostenverfahren zusätzlich detailliertere Erfolgsrechnungen auf der Ebene von Kostenträgern.

Das Umsatzkostenverfahren ist nur bei einer voll ausgebauten Kostenstellen- und Kostenträgerrechnung durchführbar

---

Wie ist in diesem Beispiel der Betriebserfolg nach dem Gesamtkostenverfahren sowie nach dem Umsatzkostenverfahren zu ermitteln?

2.35

Ein Betrieb erzielte in der abgelaufenen Periode Umsatzerlöse in Höhe von 730.000 €. Die Lagerbestände haben sich insgesamt um 35.000 € verringert. Eine technische Anlage im Wert von 20.000 € wurde selbst erstellt. Als weitere Kosten sind insgesamt 530.000 € angefallen.

Ermittlung des Betriebsergebnisses nach dem **Gesamtkostenverfahren**:

	Umsatzerlöse	780.000 €
−	Bestandsveränderungen	35.000 €
+	aktivierte Eigenleistungen	20.000 €
−	Gesamtkosten	530.000 €
=	Betriebserfolg	235.000 €

Ermittlung des Betriebsergebnisses nach dem **Umsatzkostenverfahren**:

	Umsatzerlöse	780.000 €
−	Selbstkosten des Umsatzes	545.000 €
=	Betriebserfolg	235.000 €

2.36

Wie hoch sind die Gesamtkosten der Periode in diesem Beispiel? Wie ist der Betriebserfolg nach dem Gesamtkostenverfahren bzw. nach dem Umsatzkostenverfahren zu bestimmen?

Ein Unternehmen produziert drei Produkte A, B und C. Für den Abrechnungszeitraum sind folgende Daten angefallen:

Produkt	A	B	C
Produktionsmengen	120 Stück	130 Stück	125 Stück
Absatzmengen	150 Stück	120 Stück	150 Stück
Herstellkosten pro Stück	2.500 €	5.000 €	3.000 €
Verw.- und Vertriebskosten pro Stück	1.000 €	2.000 €	1.500 €
Preis pro Stück	5.000 €	9.000 €	7.000 €

Die Herstellkosten pro Stück sind langfristig konstant.

Gesamtkosten der Periode
- Herstellkosten:
  $120 \cdot 2.500 € + 130 \cdot 5.000 € + 125 \cdot 3.000 € = 1.325.000 €$
- Verw.- und Vertriebskosten:
  $150 \cdot 1.000 € + 120 \cdot 2.000 € + 150 \cdot 1.500 € = 615.000 €$

- Gesamtkosten:
  Herstellkosten + Verw.- und Vertriebskosten
  $= 1.325.000 € + 615.000 € = 1.940.000 €$

Ermittlung des Betriebserfolgs nach dem **Gesamtkostenverfahren**

	Umsatzerlöse Produkt A	750.000 €
+	Umsatzerlöse Produkt B	1.080.000 €
+	Umsatzerlöse Produkt C	1.050.000 €
=	Zwischensumme	2.880.000 €

	Zwischensumme	2.880.000 €
−	Bestandsminderung A	75.000 €
+	Bestandsmehrung B	50.000 €
−	Bestandsminderung C	75.000 €
−	Gesamtkosten	1.940.000 €
=	Betriebserfolg	840.000 €

Ermittlung des Betriebserfolgs nach dem **Umsatzkostenverfahren**

	Umsatzerlöse Produkt A	750.000 €
+	Umsatzerlöse Produkt B	1.080.000 €
+	Umsatzerlöse Produkt C	1.050.000 €
−	Selbstkosten des Umsatzes A	525.000 €
−	Selbstkosten des Umsatzes B	840.000 €
−	Selbstkosten des Umsatzes C	675.000 €
=	Betriebserfolg	840.000 €

Wie hoch sind die Herstellkosten, die Herstellkosten pro Stück, die Selbstkosten des Umsatzes sowie die Selbstkosten pro Stück?   **2.37**

Gegeben sind folgende Kosteninformationen eines Produktes:
- Materialeinzelkosten: 40.000 €
- Materialgemeinkosten: 45 %
- Fertigungseinzelkosten: 28.000 €
- Fertigungsgemeinkosten: 30 %
- Verwaltungsgemeinkosten: 10 %
- Vertriebsgemeinkosten: 12 %
- Die produzierte Menge beträgt 5.000 Stück, die abgesetzte Menge beläuft sich auf 4.000 Stück.

Ermittlung der **Herstellkosten**:

	Materialeinzelkosten	40.000
+	Material-GK (45 %)	18.000
+	Fertigungseinzelkosten	28.000
+	Fertigungs-GK (30 %)	8.400
=	Herstellkosten	94.400

Ermittlung der **Herstellkosten pro Stück**:
94.400 € / 5.000 Stück = 18,88 € / Stück

Ermittlung der **Selbstkosten des Umsatzes**:
Zunächst sind die Herstellkosten des Umsatzes, also die Herstellkosten der umgesetzten Menge, zu ermitteln:
94.400 € / 5.000 Stück · 4.000 Stück = 75.520 €

Alternativ können von den Herstellkosten die bewerteten Bestandsminderungen von 1.000 Stück subtrahiert werden, um die Herstellkosten zu erhalten. Dann ergibt sich folgende Rechnung:

94.400 € – 1.000 Stück · 18,88 €/Stück = 75.520 €

Auf die Herstellkosten des Umsatzes in Höhe von 75.520 € sind die Verwaltungs- und Vertriebsgemeinkostenzuschläge aufzuschlagen, um die Selbstkosten des Umsatzes zu erhalten:

	Herstellkosten des Umsatzes	75.520,00
+	Verwaltungs-GK (10 %)	7.552,00
+	Vertriebs-GK (12 %)	9.062,40
=	Selbstkosten des Umsatzes	92.134,40

Ermittlung der **Selbstkosten pro Stück**:

92.134,40 €/4.000 Stück = 23,03 €/Stück

2.38 Welche Kritik ist gegenüber den Systemen der Vollkostenrechnung angebracht?

Das Ziel der Vollkostenrechnung besteht darin, **jedem Kostenträger** seine **vollen Kosten** zuzuordnen. Grundsätzlich soll jeder Kostenträger Marktpreise erzielen, die seine Vollkosten zumindest decken. Diese Verrechnung führt jedoch zu den **folgenden systembedingten Mängeln**:

Ergebnisse der Vollkostenrechnung hängen von der Verteilungsgrundlage ab

- **Willkürliche Verteilung der Gemeinkosten**: Die Verteilung der Gemeinkosten auf die Kostenträger erfolgt im Rahmen der Vollkostenrechnung mehr oder weniger willkürlich. Insofern sind auch die Gewinnbeiträge der einzelnen Produkte auf Vollkostenbasis willkürlich. Die Ergebnisse der Vollkostenrechnung hängen nämlich im Wesentlichen davon ab, welcher Verteilungsschlüssel bzw. welche Verteilungsgrundlage gewählt wird.

- **Aus unterschiedlichen Bezugsbasen der Gemeinkosten resultieren unterschiedliche Ergebnisse**: In der Regel liegen der Vollkostenrechnung als Zuschlagsbasis die Einzelkosten zugrunde. Werden die Einzelkosten als Verrechnungsbasis gewählt, so sind immer noch mehrere Verrechnungsweisen der Gemeinkosten möglich, die wiederum zu unterschiedlichen Stückgewinnen der einzelnen Produkte führen. Im Einzelnen können die Gemeinkosten auf die Einzelkosten wie folgt verrechnet werden:
  - Zuschlagsgrundlage sind die gesamten Einzelkosten.
  - Zuschlagsgrundlage sind nur die Materialeinzelkosten.
  - Zuschlagsgrundlage sind nur die Fertigungseinzelkosten.
  - Die Gemeinkosten werden differenziert über die Materialeinzelkosten und die Fertigungseinzelkosten verrechnet.

- Die Gemeinkosten werden noch differenzierter über die Material-einzelkosten und mehrere Fertigungseinzelkosten verrechnet.
- Üblicherweise wird ein Teil der Gemeinkosten gar nicht über die Einzelkosten, sondern auf Basis der Herstellkosten verrechnet. Das ist bei den Verwaltungs- und Vertriebskosten der Fall. Dies führt bei Produkten, denen hohe Material- und Fertigungsgemeinkosten (als Bestandteile der Herstellkosten) zugeordnet worden sind, zu vergleichsweise hohen Belastungen mit Verwaltungs- und Vertriebs-kostenanteilen und umgekehrt.

- **Die Gemeinkostenzuschlagssätze verändern sich bei veränderter Beschäftigungslage**: Ein weiterer Kritikpunkt an der Vollkostenrechnung besteht darin, dass diese eine Abhängigkeit der Gemeinkosten von der Beschäftigung unterstellt. Jedoch verhalten sich die Gemeinkosten in der Realität gegenüber der Beschäftigung zum Teil fix und zum Teil variabel.

  Gemeinkosten sind gegenüber der Beschäftigung zum Teil fix und zum Teil variabel

  Die Ermittlung von festen Zuschlagssätzen im Rahmen der Kostenstellenrechnung bedeutet aber im Fall von Beschäftigungsveränderungen, dass die Kalkulation zu nicht verursachungsgerechten Kostenbelastungen der Kostenträger führt (Proportionalisierung der fixen Kosten über Gemeinkostenzuschlagssätze).

Angesichts der genannten Kritikpunkte sind bei ausschließlicher Anwendung der Vollkostenrechnung folgende Fehlentscheidungen möglich:

Mögliche Fehlentscheidungen

- Herausnahme eines vermeintlichen Verlustproduktes
- Ablehnung eines vermeintlichen Verlustauftrages
- Nichtbelieferung eines vermeintlichen Verlustkunden
- Ausschluss eines vermeintlichen Verlustabsatzgebietes
- Marktkonträre Preisstellung

Dennoch kann in der Regel nicht völlig auf die Verfahren der Vollkostenrechnung verzichtet werden. Insbesondere auf langfristige Sicht ist es unerlässlich, dass zur Finanzierung der Fixkosten entsprechende Zahlungsüberschüsse erwirtschaftet werden. Darüber hinaus sind Teile der Gemeinkosten gegebenenfalls im Rahmen der Bestandsbewertung zu berücksichtigen.

3 SYSTEME DER TEILKOSTENRECHNUNG

3.1 | **Welcher Grundgedanke liegt der Teilkostenrechnung zugrunde?**

Nur Teile der Kosten werden auf Kostenträger weiterverrechnet

Die Teilkostenrechnung setzt an den Mängeln der Vollkostenrechnung an. Als wesentlicher Unterschied lässt sich anführen, dass nicht alle Kosten auf den jeweiligen Kostenträger weiterverrechnet werden, sondern nur Teile davon.

Ausgangspunkt sind im Absatzmarkt erzielbare Preise bzw. Umsatzerlöse, denen je nach der Art der Rechnung in unterschiedlichem Ausmaß Teile der Gesamtkosten zugeordnet werden. Das Ergebnis dieser Rechnung wird als **Deckungsbeitrag** bezeichnet. Es gilt:

Deckungsbeitrag = Erlöse – Teilkosten

Summe der Deckungsbeiträge muss größer sein als Restkosten

Die realisierten Deckungsbeiträge aller Kostenträger dienen zur Deckung der verbliebenen Restkosten. Um einen **positiven Betriebserfolg** zu erzielen, muss die Summe der Deckungsbeiträge größer sein als die Restkosten.

3.2 | **Welche Systeme haben sich innerhalb der Teilkostenrechnung herausgebildet?**

Innerhalb der Teilkostenrechnung haben sich verschiedene Systeme herausgebildet. Ein Teil der Teilkostenrechnungen berechnet den Deckungsbeitrag auf der Grundlage von **variablen Kosten**, während andere Systeme diese Berechnung auf der Basis von **Einzelkosten** durchführen. Darüber hinaus ist die Zahl der Abrechnungsstufen unterschiedlich, sodass **einstufige und mehrstufige Systeme** unterschieden werden können.

Die wichtigsten Teilkostenrechnungssysteme (Deckungsbeitragssysteme) sind:
- **Einstufige Deckungsbeitragsrechnung** (Direct Costing):
  Deckungsbeitrag = Erlös – variable Kosten
- **Mehrstufige Deckungsbeitragsrechnung** (Fixkostendeckungsrechnung):
  Deckungsbeitrag = Erlös – variable Kosten – Fixkosten versch. Stufen
- **Deckungsbeitragsrechnung mit relativen Einzelkosten**:
  Deckungsbeitrag = Erlös – relative Einzelkosten

3.3 | **Sollte in folgendem Beispiel ein Produkt eliminiert werden?**

Ein Betrieb fertigt und verkauft drei Produktarten. Am Ende der Abrechnungsperiode liegen folgende Informationen vor:

KOSTEN- UND LEISTUNGSRECHNUNG

Produkt	A	B	C
Umsatzerlöse	750.000 €	500.000 €	600.000 €
Variable Kosten	400.000 €	400.000 €	300.000 €
Anteilige Fixkosten	200.000 €	200.000 €	150.000 €
Gewinn- / Verlustbeitrag	150.000 €	− 100.000 €	150.000 €

Eine Entscheidung unter Vollkostenaspekten würde die Eliminierung von Produkt B erforderlich machen, da es einen Verlust erwirtschaftet.

Eine Analyse der Erfolgsbeiträge der einzelnen Produkte auf der Basis von Deckungsbeiträgen führt hingegen zu folgendem Ergebnis:

Betrachtung der Deckungs-
beiträge führt zu anderen
Entscheidungen

- Produkt A hat einen Deckungsbeitrag in Höhe von 350.000 €
- Produkt B hat einen Deckungsbeitrag in Höhe von 100.000 €
- Produkt C hat einen Deckungsbeitrag in Höhe von 300.000 €

Die **Deckungsbeiträge aller drei Produkte**, auch der des Produktes B, sind also **positiv**. Eine Herausnahme von B wäre falsch, da sich das Gesamtergebnis nicht verbessern, sondern in Höhe des ausbleibenden Deckungsbeitrages von B (also 100.000 €) verschlechtern würde.

Was ist unter Direct Costing zu verstehen?

3.4

Die einstufige Deckungsbeitragsrechnung wird auch als Direct Costing bezeichnet. Um die Proportionalisierung der Fixkosten und die damit verbundenen Fehlentscheidungen der Vollkostenrechnung zu vermeiden, werden die Periodenkosten bei Anwendung der einstufigen Deckungsbeitragsrechnung (Direct Costing) in **beschäftigungsvariable** und **beschäftigungsfixe** Kosten aufgeteilt.

Periodenkosten werden hier in
beschäftigungsvariable und
-fixe Kosten aufgeteilt

Zentrale Größe dieser Rechnung ist der Deckungsbeitrag bzw. der **Deckungsbeitrag je Stück** (Stückbeitrag). Deckungsbeiträge je Stück stellen jedoch keine Gewinne dar, sondern ergeben sich als Differenz des Stückpreises und der variablen Stückkosten. Somit gilt für den Deckungsbeitrag einer Erzeugniseinheit:

$$p - k_V = db$$
(mit: p = Stückpreis, k_V= var. Stückkosten, db= Deckungsbeitrag je Stück)

Damit ergibt sich der gesamte Deckungsbeitrag eines Erzeugnisses mit der Absatzmenge x aus:

$$DB = db \cdot x = (p - k_V) \cdot x$$

Der **betriebliche Gewinn einer Periode** wird ermittelt, indem von dem **Gesamtdeckungsbeitrag** (als Summe aller Deckungsbeiträge der Erzeugnisse) die **gesamten Fixkosten** der Periode subtrahiert werden:

$$G = DB - K_f = \sum_{i=1}^{n} [(p_i - k_{vi}) \cdot x_i] - K_f$$

(mit: G = Betriebsgewinn, p_i = Preis von Erzeugnis i, k_{vi} = variable Stückkosten von Erzeugnis i, x_i = Absatzmenge von Erzeugnis i, K_f = gesamte Fixkosten, DB= gesamter Deckungsbeitrag)

3.5 Ermitteln Sie die Kostenfunktion nach dem Differenzen-Quotienten-Verfahren (Hoch-Tief-Punkt-Methode). Wie geeignet ist dieses Verfahren im Hinblick auf eine Kostenauflösung?

In einem Betrieb sind in den vergangenen vier Perioden folgende Kosten angefallen:

Abrechnungszeitraum	Produktionsmenge	Gesamtkosten
Periode 1	3.000 Stück	75.000 €
Periode 2	2.000 Stück	60.000 €
Periode 3	4.000 Stück	90.000 €
Periode 4	5.200 Stück	100.000 €

Ermittlung der **Kostenfunktion**:

$\mathbf{k_v}$ = (100.000 € − 60.000 €) / (5.200 − 2.000)

= 40.000 € / 3.200 = **12,50 €/Stück**

$\mathbf{K_f}$ = 60.000 € − 2.000 · 12,50 € = **35.000 €**

$\Rightarrow \mathbf{K_i}$ = 35.000 € + 12,50 € · x, wobei K_i = Gesamte Kosten in Periode i

Die Kostenspaltung nach dem **Differenzen-Quotienten-Verfahren** (Hoch-Tief-Punkt-Methode) unterstellt einen (annähernd) **linearen Kostenverlauf**.

Benötigt werden Kosteninformationen aus der Vergangenheit, die in die Zukunft fortgeschrieben werden. Zur Berechnung werden lediglich zwei Kosten-Mengen-Relationen benötigt. Wenn mehrere Relationen aus der Vergangenheit bekannt sind, so sind die Werte des höchsten und des niedrigsten Beschäftigungsgrades zu wählen, wobei auf Ausreißer im statistischen Sinne allerdings verzichtet werden sollte.

Keine Berücksichtigung findet die Tatsache, dass die intervallfixen Kosten je nach Beschäftigungslage variieren können. Damit kann das Differenzen-Quotienten-Verfahren nur einen vagen Einblick in die zukünftige Kostenstruktur geben.

3.6 Ermitteln Sie mit Hilfe der linearen Regression die Kostenfunktion!

In den vergangenen fünf Perioden sind folgende Kosten-Mengen-Relationen entstanden:

Periode i	1	2	3	4	5
K_i in T€	279	260	265	270	281
X_i in Stück	100	110	120	130	140

Die Mittelwerte der Kosten und der Beschäftigung sind also:
$X_m = 120$; $K_m = 271$.

Ermittlung der **Kostenfunktion**:

X_i	K_i	$(K_i - K_m)$	$(X_i - X_m)$	$(K_i - K_m)(X_i - X_m)$	$(X_i - X_m)^2$
100	279	+ 8	− 20	− 160	400
110	260	− 11	− 10	110	100
120	265	− 6	0	0	0
130	270	− 1	+ 10	− 10	100
140	281	+ 10	+ 20	200	400
				$\sum = 140$	$\sum = 1.000$

$k_v = 140 / 1.000 = \textbf{0,14}$
$K_f = 271 - 0,14 \cdot 120 = 271 - 16,8 = \textbf{254,20}$

Somit lautet die Kostenfunktion (in T€):

$K_i = 254,20 + 0,14 \cdot X_i$

Ermitteln Sie die variablen Zuschlagssätze!

3.7

Ein Betrieb führt eine Kostenstellenrechnung im Rahmen des Direct Costing durch:

BAB	Hilfskostenstellen				Hauptkostenstellen							
Werte in T€	Strom		Reparatur		Material		Fertigung		Verwaltung		Vertrieb	
	var.	fix	var.	fix	var.	fix	var.	fix	var.	fix	var.	fix
$\sum$ prim. GK	10	12	14	15	30	20	40	40	1	16	4	12

- Die variablen Kosten der Hilfskostenstelle Strom werden auf die nachfolgenden Kostenstellen im Verhältnis 2:3:3:1:1 verrechnet.
- Die variablen Kosten der Hilfskostenstelle Reparatur werden im Verhältnis 5:7:1:2 verrechnet.
- Es wird davon ausgegangen, dass die sekundären Gemeinkosten für die empfangenden Kostenstellen zu gleichen Teilen fixe und variable Kostenbestandteile darstellen.
- Die Materialeinzelkosten belaufen sich auf 50 T€; die Fertigungseinzelkosten betragen 60 T€.

BAB	Hilfskostenstellen				Hauptkostenstellen							
Werte in T€	Strom		Reparatur		Material		Fertigung		Verwaltung		Vertrieb	
	var.	fix	var.	fix	var.	fix	var.	fix	var.	fix	var.	fix
Σ prim. GK	10	12	14	15	30	20	40	40	1	16	4	12
Umlage Strom	–	–	1	1	1,5	1,5	1,5	1,5	0,5	0,5	0,5	0,5
Umlage Repar.	–	–	–	–	2,5	2,5	3,5	3,5	0,5	0,5	1	1
Σ sek. GK	**0**	**12**	**0**	**16**	**34**	**24**	**45**	**45**	**2**	**17**	**5,5**	**13,5**
Material-EK					50							
Fertigungs-EK							60					
Σ Var. Herstell-K									189		189	
Var. Zuschlags.					**68 %**		**75 %**		**1,1 %**		**2,9 %**	

3.8
Wie hoch ist der Angebotspreis? Mit welchem Deckungsbeitrags-aufschlag und welchem Deckungsfaktor wird gearbeitet?

Die variablen Kosten eines Produktes betragen pro Periode 27.000 €; als Deckungsbeitrag wurden 18.000 € ermittelt. Die produzierte und abgesetzte Menge beträgt 900 Stück.

- Ermittlung des Angebotspreises:
  (27.000 € + 18.000 €) / 900 = 50 €

- Deckungsbeitragsaufschlag:
  18.000 € / 27.000 € = 66,67 %

- Deckungsfaktor:
  18.000 € / 45.000 € = 40 %

Also entsprechen 40 % des Verkaufspreises (der Umsatzerlöse) dem Deckungsbeitrag, während 60 % (1 – Deckungsfaktor) variable Kosten sind.

Auf Stückebene bedeutet dies:
- $db = 50 € \cdot 0{,}4 = 20 €$
- $k_v = 50 € \cdot 0{,}6 = 30 €$

3.9
Ermitteln Sie den Betriebserfolg mit Hilfe der einstufigen Deckungs-beitragsrechnung!

Nach Durchführung der innerbetrieblichen Leistungsverrechnung hat der BAB eines Betriebes folgendes Aussehen:

BAB	Hilfskostenstellen				Hauptkostenstellen							
Werte in T€	Strom		Reparatur		Material		Fertigung		Verwaltung		Vertrieb	
	var.	fix	var.	fix	var.	fix	var.	fix	var.	fix	var.	fix
Σ GK	–	12	–	16	34	24	45	45	2	17	5,5	13,5

Weitere Daten:
- Umsatzerlöse: 330.000 €
- Bestandsveränderungen: 0 €
- Materialeinzelkosten: 50.000 €
- Fertigungseinzelkosten: 60.000 €

Ermittlung des Betriebserfolgs:

	Materialeinzelkosten	50.000
+	variable Material-GK (68%)	34.000
+	Fertigungs-EK	60.000
+	variable Fertigungs-EK (75%)	45.000
=	variable Herstellkosten	189.000
+	variable Verwaltungs-GK (1,058%)	2.000
+	variable Vertriebs-GK (2,91%)	5.500
=	variable Kosten insgesamt	196.500

Und weiter:

	Umsatz	330.000
–	variable Kosten	196.500
=	Deckungsbeitrag	133.500
–	Fixkosten	127.500
=	**Betriebsergebnis**	**6.000**

Bei welcher Menge bzw. welchem Umsatz liegt die Gewinnschwelle?   **3.10**

Die Fixkosten betragen 150.000 €. Ein Produkt, dessen Marktpreis 240 € beträgt, verursacht variable Stückkosten in Höhe von 160 €. In der vergangenen Periode wurden Umsatzerlöse in Höhe von 552.000 € erzielt.

Daraus ergibt sich:
- **Break-Even-Menge** = 150.000 € / (240 € – 160 €) = **1.875 Stück**
- **Break-Even-Umsatz** = 150.000 € / (1 – (160 € / 240 €)) = **450.000 €**

Ermittlung des Sicherheitsabstandes (SA)
- Über den Umsatz:

SA = (Umsatzerlöse – Break-Even-Umsatz) / Break-Even-Umsatz
= (552.000 € – 450.000 €) / 552.000 € = **18,48 %** bzw.

- Über die Beschäftigung:

SA = (Absatzmenge – Break-Even-Menge) / Break-Even-Menge
= (2.300 – 1.875) / 2.300 = **18,48 %**

Interpretation: Der in der letzten Periode erreichte Umsatz (Absatz) kann um 18,48 % zurückgehen, bis die Gewinnschwelle erreicht wird.

Wie würden Sie in der jeweiligen Situation entscheiden?

Für ein Produkt liegen folgende Daten vor:
- Variable Stückkosten: 120 €
- Fixe Kosten: 25.000 €
- Angebotspreis: 145 €
- Fertigungsmenge: 1.400 Stück
- Absatzmenge: 1.400 Stück
- Max. Fertigungskapazität pro Periode: 1.500 Stück

a) Es besteht die Möglichkeit, einen zusätzlichen Auftrag über 100 Stück mit 130 € pro Stück anzunehmen.

b) Es besteht die Möglichkeit, einen zusätzlichen Auftrag über 150 Stück mit 130 € pro Stück anzunehmen.

Die Fixkosten werden bei Zusatzaufträgen vernachlässigt

Zu a) Der Preis übersteigt die variablen Stückkosten, sodass durch jedes zusätzlich abgesetzte Stück der Deckungsbeitrag um 10 € steigt. Da keine Kapazitätsengpässe vorliegen, verbessert sich durch die Annahme des Zusatzauftrages die Gewinnsituation um 10 € · 100 = 1.000 €.

Das bedeutet: Der Auftrag sollte angenommen werden.

Berücksichtigung des Deckungsbeitrages für kurzfristige Preisentscheidungen

Zu b) In diesem Fall sind zusätzlich Opportunitätskosten zu berücksichtigen, weil aufgrund der begrenzten Kapazität ein bereits vorhandener Auftrag in Höhe von 50 Stück (soweit möglich) nachträglich abgelehnt werden muss. Der **zusätzliche Deckungsbeitrag** beträgt 150 · 10 € = 1.500 €, die **Opportunitätskosten** betragen 50 · 25 € = 1.250 €.
⇒ Veränderung der Erfolgslage: 250 €

Durch die Annahme des Zusatzauftrages verbessert sich die Gewinnsituation um 250 €, auch hier sollte also der Auftrag angenommen werden.

3.12

Welche Entscheidung ist hinsichtlich des Artikels C erforderlich?

Produktart	Verkaufspreis pro Stück in €	Vollkosten pro Stück in €	Variable Stückkosten in €
A	39	36	25
B	49	42	32
C	59	60	50
D	64	62	52

Die Fixkosten betragen 10.000 €.

Verkaufspreis von A, B und D oberhalb der Vollkosten

Unproblematisch sind die Artikel A, B und D, da der Verkaufspreis oberhalb der Vollkosten und somit auch der Teilkosten liegt. Damit erzielen diese Artikel nicht nur positive Deckungsbeiträge, sondern darüber hinaus auch **positive Gewinnbeiträge**.

Schwieriger zu beurteilen ist der Artikel C: Unter Vollkostenaspekten wäre der Artikel C zu eliminieren. Der Gewinn müsste sich dann um 1 € pro nicht verkaufter Einheit des Artikels B erhöhen. Aber: Da die **Fixkosten kurzfristig nicht abbaubar** sind, wäre eine unter Vollkostenaspekten getroffene Entscheidung falsch (Betriebserfolg verschlechtert sich). Eine **richtige Entscheidung** kann **nur mit Hilfe der Teilkostenrechnung** (Deckungsbeitragsrechnung) getroffen werden.

Bei dieser Betrachtung ergibt sich: Da der Artikel C einen Deckungsbeitrag in Höhe von 9 € / Stück bringt, hilft er mit, die ohnehin entstehenden fixen Kosten zu decken. Eine Beibehaltung des Artikels C trägt also zur Verbesserung des Betriebsergebnisses bei, weil sein Stückdeckungsbeitrag positiv ist.

Nur unter Vollkostenaspekten wäre der Artikel C zu eliminieren

---

Welche Gewinne werden bei kaufmännischem Verhalten der Entscheidungsträger erzielt:
a) bei ausreichenden Fertigungskapazitäten,
b) bei begrenzten Fertigungskapazitäten von 19.000 Min. je Periode?

3.13

Ein Betrieb mit fixen Kosten in Höhe von 10.000 € fertigt fünf Produkte auf einer Maschine, deren maximale Kapazität bei 25.000 Minuten je Abrechnungsperiode liegt:

Produktart	Stückpreis in €	Variable Stückkosten in €	Max. Absatz (Stück)	DB pro Stück in €	Produktionsdauer pro Stück (min)	Beanspruchte Kapazität (min)
A	20	16	3.000	4	2	6.000
B	12	10	1.000	2	3	3.000
C	15	14	2.000	1	1	2.000
D	16	13	3.000	3	3	9.000
E	22	17	1.000	5	2	2.000
						Σ 22.000

Zu a) In der Ausgangssituation existiert kein Fertigungsengpass. Folglich können alle Produkte mit ihren maximal absetzbaren Mengen produziert werden. Damit ergibt sich folgende betriebliche Gewinnsituation:

Produktart	Umsatzerlöse in €	Variable Kosten in €	Deckungsbeitrag in €	Rang
A	60.000	48.000	12.000	1
B	12.000	10.000	2.000	4
C	30.000	28.000	2.000	4
D	48.000	39.000	9.000	2
E	22.000	17.000	5.000	3
			Σ 30.000	

Die Summe der Deckungsbeiträge abzgl. der Fixkosten ergibt den **Betriebserfolg** und der beträgt **20.000 €** (30.000 € – 10.000 €).

Bei Engpass: Relativer
Deckungsbeitrag entscheidend

Zu b) Aufgrund des entstandenen Engpasses ist zur Entscheidungsfindung nun der relative Deckungsbeitrag (= Deckungsbeitrag pro Kapazitätseinheit) heranzuziehen. Anhand dessen ergibt sich hier eine neue Rangfolge:

Produktart	DB pro Stück (€)	Produktions- dauer pro Stück (min)	Relativer DB (€/min)	Rang
A	4	2	2	2
B	2	3	0,67	5
C	1	1	1	3
D	3	3	1	3
E	5	2	2,5	1

Die Produkte A, C, D und E werden in maximal absetzbarer Stückzahl gefertigt. B wird eliminiert.

Die Kapazitätsbegrenzung der Maschine führt zu folgendem betrieblichen Ergebnis:

Produkt	Rang	Beanspruchte Kapazität (min)	Deckungsbeitrag (€)
A	2	6.000	12.000
C	3	2.000	2.000
D	3	9.000	9.000
E	1	2.000	5.000
		Σ 19.000	Σ 28.000
			– 10.000 Fixkosten
			= 18.000 Betriebserfolg

3.14 **Welche Entscheidungsalternative – Eigenfertigung oder Fremdbezug – ist unter Kostenaspekten jeweils sinnvoll, wenn**
a) freie Produktionskapazitäten ausreichend vorhanden sind,
b) Neuinvestitionen erforderlich sind, um zusätzliche Produktionskapazitäten in ausreichendem Maße zu schaffen?

Für eine Produktart liegt bei Eigenfertigung folgende Kalkulation zu Grunde:

Materialeinzelkosten:	25 €	
Materialgemeinkosten:	10 €	(davon 30 % variabel)
Fertigungseinzelkosten:	12 €	
Fertigungsgemeinkosten:	8 €	(davon 25 % variabel)
Verwaltungsgemeinkosten:	7 €	(davon 15 % variabel)
Vertriebsgemeinkosten:	15 €	(davon 35 % variabel)
Summe = Selbstkosten:	77 €	

Alternativ kann ein gleichwertiges Erzeugnis von einem Lieferanten zu **50 € pro Stück fremdbezogen** werden.

Zu a) In dieser Entscheidungssituation, die **für eine kurzfristige Betrachtungsweise typisch** ist, sind die variablen Herstellkosten als Vergleichsmaßstab heranzuziehen.

Kurzfristige Betrachtungsweise: Variable Herstellkosten als Vergleichsmaßstab

Die Verwaltungs- und Vertriebskosten sind nicht zu berücksichtigen, da sie auch bei Fremdbezug entstehen würden.

Materialeinzelkosten:	25 €
Variable Materialgemeinkosten:	3 €
Fertigungseinzelkosten:	12 €
Variable Fertigungsgemeinkosten:	2 €
Summe variable Herstellkosten:	42 €

Aus kostenrechnerischer Sicht ist hier die Eigenfertigung zu empfehlen, da die variablen Herstellkosten (42 €) unterhalb der Kosten des Fremdbezuges (50 €) liegen.

Zu b) Reicht die Produktionskapazität auf den vorhandenen Anlagen nicht aus, so ist der Einstandspreis mit den vollen Herstellkosten zu vergleichen. Diese Entscheidungssituation ist typisch für eine langfristige Betrachtungsweise.

Langfristige Betrachtungsweise: Volle Herstellkosten als Vergleichsmaßstab

Die Verwaltungs- und Vertriebskosten sind hier ebenfalls nicht zu berücksichtigen, da sie auch bei Fremdbezug anfallen würden.

Materialeinzelkosten:	25 €
Materialgemeinkosten:	10 €
Fertigungseinzelkosten:	12 €
Fertigungsgemeinkosten:	8 €
Volle Herstellkosten:	55 €

In dieser Situation sollte man sich für den Fremdbezug entscheiden, da er 5 € günstiger ist als die vollen Herstellkosten.

Wie ist die einstufige Deckungsbeitragsrechnung (Direct Costing) zu beurteilen?

3.15

Die einstufige Deckungsbeitragsrechnung (Direct Costing) ist eine retrograde Rechnung, d.h., die realisierbaren Marktpreise der eigenen Produkte sind bereits bekannt. Im Rahmen des Direct Costing wird ein linearer Gesamtkostenverlauf unterstellt.

Realisierbare Marktpreise der eigenen Produkte sind bereits bekannt

Als **Vorteile des Direct Costing** gelten:
- Die Fehler der Vollkostenrechnung werden vermieden, weil eine willkürliche Zurechnung der Fixkosten auf die Kostenträger unterbleibt.

- Sie ist relativ leicht durchführbar.
- Sie bietet eine gute Entscheidungsgrundlage für kurzfristige Entscheidungen (z. B. kurzfristige Preisentscheidungen, Bestimmung kurzfristiger Preisuntergrenzen, Programmgestaltung aufgrund von Deckungsbeiträgen).

Folgende **Nachteile** stehen gegenüber:
- Die Bewertung der Bestände ist nur zu Teilkosten möglich. Insofern sind zur Aufstellung der Steuerbilanz Sonderrechnungen notwendig, da ein Wertansatz zu Teilkosten lediglich handelsrechtlich zulässig ist.
- Eine Kalkulation auf Basis von Teilkosten ist für langfristige Preisentscheidungen unbrauchbar und würde die Existenz des Betriebs gefährden.
- Auf eine Ermittlung von Produktgewinnen wird verzichtet.

- Nichtberücksichtigung der Kostenremanenz. Als Kostenremanenz wird das Phänomen bezeichnet, dass bestimmte Kosten bei sinkender Beschäftigung nicht in dem Maße sinken, wie sie bei steigender Beschäftigung zunehmen (Beispiel Fertigungslöhne aufgrund von Kündigungsschutz).
- Es wird davon ausgegangen, dass die Höhe der Fixkosten völlig unabhängig von der Beschäftigung ist. Tatsächlich sind aber die Fixkosten lediglich innerhalb bestimmter Beschäftigungsintervalle konstant.

- Die Nichtberücksichtigung der fixen Kosten (bzw. deren Verrechnung als Block) wird damit begründet, dass diese keine Kosten der Mengeneinheiten der einzelnen Produkte seien. Jedoch sind Teile der Fixkosten anderen Bezugsobjekten (Produkten, Produktgruppen, Bereichen) zurechenbar.

3.16

a) **Bei welcher Absatzmenge liegt in t_0 für das Unternehmen die Gewinnschwelle?**
b) **Welches Betriebsergebnis ist für das Jahr t_{+1} zu erwarten bei gleichem Verkaufspreis, gleichen fixen und variablen Kosten?**
c) **Wie beurteilen Sie die vorgeschlagenen alternativen Maßnahmen?**

Ein Produktions-Unternehmen stellt ein innovatives Trekking-Fahrrad her. Im gerade abgelaufenen Jahr (t_0) stellte es 900 Stück her, die zum Preis von jeweils 600 € abgesetzt wurden. Die Kapazitätsgrenze liegt bei 1.000 Stück. In eben diesem Jahr (t_0) sind insgesamt 120.000 € fixe Kosten sowie 225.000 € variable Kosten angefallen.

In der Vergangenheit waren folgende Absatzzahlen im Gesamtmarkt zu verzeichnen:

t_{-3}: 2.254 Stück
t_{-2}: 2.479 Stück
t_{-1}: 2.727 Stück
t_0: 3.000 Stück

Der Marktanteil (= Absatz / Gesamtmarktnachfrage) des betrachteten Unternehmens war in diesen Jahren relativ konstant.

In der Zukunft wird mit einem verstärkten Markteintritt von neuen Konkurrenten gerechnet. Für die **kommende Periode (t_{+1})** rechnet deshalb die Marktforschungsabteilung mit einem **Rückgang des Marktanteils um 30 %** bei konstantem Verkaufspreis.

Annahme: Alle produzierten Mengen werden auch abgesetzt (Produktionsmenge = Absatzmenge).

In t_0 gilt also:

Umsatz:	540.000 €	(900 · 600 €)
Fixkosten (Kf):	120.000 €	
Variable Gesamtkosten (K_v):	225.000 €	
Variable Stückkosten k_v:	250 € / Stück	(225.000 € / 900)
Gesamtdeckungsbeitr. (DB):	315.000 €	
Stückdeckungsbeitrag (db):	350 € / Stück	(315.000 € / 900)
Betriebsergebnis:	195.000 €	

Zu a) Bei welcher Absatzmenge liegt in t_0 für das Unternehmen die Gewinnschwelle?

Gefragt ist hier nach der Break-Even-Menge, die sich folgendermaßen berechnet:

$$x_{BEP} = K_f / (p-k_v)$$
$$= 120.000 € / (350 € / \text{Stück}) = 342,86 \text{ Stück}$$

Die **Gewinnschwelle** ist also bei **343 Stück** erreicht.

Zu b) Welches Betriebsergebnis ist für das Jahr t_{+1} zu erwarten bei gleich bleibendem Verkaufspreis, gleichen Fixkosten und gleichen variablen Kosten?

Wir wissen: Der **Marktanteil** des Unternehmens betrug im letzten Jahr (t_0): 900/3.000 = 30 %. Dieser verringert sich jedoch nach Schätzung des Marketings um 30 %, sodass dieser (bei konstanten Verkaufspreisen) in t_{+1} bei **21 %** liegen würde.

Der Markt wuchs in der Vergangenheit um durchschnittlich ca. 10 % pro Jahr. Geht man von einer gleichen Wachstumsrate in der Zukunft aus, so würde der **Absatz** in t_{+1} bei **3.300 Stück** liegen.

Für unser Unternehmen bedeutet das: Es wird prognosegemäß **693 Stück** (nämlich 21 % von 3.300 Stück) **absetzen**.

Das voraussichtliche Betriebsergebnis in t_{+1} beträgt folglich:

Betriebsergebnis $= DB - K_f = db \cdot x - K_f$
$$= 350 € \cdot 693 - 120.000 € = \mathbf{122.550\ €}$$

Zu c) Wie sind die folgenden alternativen Maßnahmen, über die die Unternehmensleitung nachdenkt, unabhängig voneinander zu beurteilen?

Maßnahme 1: Durch die Stilllegung veralteter Anlagen würde sich die Kapazität um 35 % reduzieren. Dadurch sinken die Fixkosten um 30.000 € und die variablen Kosten auf 230 € / Stück. Die Kapazität würde auf 650 Stück sinken und bildet damit den Engpass (obwohl von der Absatzseite 693 Stück möglich wären).

Betriebsergebnis in t_{+1}:
$$= DB - K_f = db \cdot x - K_f = (p - k_v) \cdot x - K_f$$
$$= 370 \, € \cdot 650 - 90.000 \, € = \mathbf{150.500 \, €}$$

Maßnahme 2: Die veralteten Anlagen werden durch neue Maschinen ersetzt. Die Kapazität würde sich auf 1.200 Stück erhöhen. Die variablen Kosten ließen sich dadurch auf 200 € / Stück reduzieren, jedoch würden die Fixkosten auf 200.000 € ansteigen. Nun liegt der Engpass im Absatzbereich (also bei 693 Stück).

Betriebsergebnis in t_{+1}:
$$= DB - K_f = db \cdot x - K_f = (p - k_v) \cdot x - K_f$$
$$= 400 \, € \cdot 693 - 200.000 \, € = \mathbf{77.200 \, €}$$

Maßnahme 3: Die Erhöhung des Verkaufspreises auf 640 € würde zu einer zusätzlichen Reduzierung des Marktanteils um 1/9 (11,11 %) führen. Hier reduziert sich die voraussichtliche Absatzmenge auf 616 Stück.

Betriebsergebnis in t_{+1}:
$$= DB - K_f = db \cdot x - K_f = (p - k_v) \cdot x - K_f$$
$$= 390 \, € \cdot (693 - 693/9) - 120.000 \, €$$
$$= 390 \, € \cdot 616 - 120.000 \, € = \mathbf{120.240 \, €}$$

Maßnahme 4: Eine Produktverbesserung würde voraussichtlich zu einem Marktanteil in Höhe von 35 % führen. Allerdings steigen dann in t_{+1} die Fixkosten auf 300.000 €. Ein Marktanteil in Höhe von 35 % entspricht: 3.300 Stück $\cdot$ 35 % = 1.155 Stück. Zu beachten ist jedoch die Kapazitätsbegrenzung (max. 1.000 Stück). Deswegen kann mit Hilfe der Maßnahme 4 lediglich ein Betriebsergebnis wie folgt realisiert werden:

Betriebsergebnis in t_{+1}:
$$= DB - K_f = db \cdot x - K_f = (p - k_v) \cdot x - K_f$$
$$= (600 \, € - 250 \, €) \cdot 1.155 - 300.000 \, €$$
$$= 350 \, € \cdot 1.000 - 300.000 \, € = \mathbf{50.000 \, €}$$

Fazit: Am Erfolg versprechendsten erscheint die Maßnahme 1, da das Betriebsergebnis hier am höchsten ist.

Auf welchem Konzept basiert die mehrstufige Deckungsbeitragsrechnung (Fixkostendeckungsrechnung)?

Die **mehrstufige Deckungsbeitragsrechnung** (auch Fixkostendeckungsrechnung) unterscheidet sich von der einstufigen Variante dadurch, dass die **Fixkosten differenziert verrechnet** werden. Diese werden nicht als Block behandelt, sondern möglichst verursachungsgerecht auf verschiedene betriebliche Ebenen aufgeteilt. Somit werden Fixkosten zu Einzelkosten der jeweiligen Bezugsbasis. Die Zahl und Bezeichnung der Ebenen hängen von den jeweiligen betrieblichen Besonderheiten ab. Üblicherweise werden zwischen zwei und fünf Ebenen zur Fixkostendifferenzierung verwendet.

> Fixkosten = Einzelkosten der jeweiligen Bezugsbasis

Die unterste Ebene der Fixkostenverrechnung sind die **einzelnen Produkte**. Werden mehrere Produkte zusammengefasst, so bilden sich **Produktgruppen** heraus. Die nächst höhere Ebene stellen **Warengruppen** dar. Darüber können als Aggregate **Sparten** stehen. Die Fixkosten, die keiner Ebene zuzuordnen sind, werden als **Unternehmensfixkosten** behandelt und sind von allen Produktgruppen zu tragen.

> 2–5 Ebenen zur Fixkostendifferenzierung

Letztlich soll diese differenzierte Vorgehensweise **tiefere Einblicke in die Erfolgsstruktur** des Produktprogramms gewährleisten.

Innerhalb einer dreistufigen Hierarchie können beispielsweise folgende Fixkostenebenen gebildet werden:

- **Produktfixkosten**: Produktfixkosten eines Erzeugnisses sind zwar nicht einem Stück allein zurechenbar, wohl aber der Gesamtzahl. Dazu zählen Forschungs- und Entwicklungskosten sowie Kosten für Spezialwerkzeuge. Weitere Produktfixkosten können Patentgebühren für das spezifische Erzeugnis sowie produktbezogene Werbemaßnahmen sein.
- **Produktgruppenfixkosten**: Produktgruppenfixkosten lassen sich nur einer Erzeugnisgruppe eindeutig zuordnen. Dazu zählen beispielsweise Forschungs- und Entwicklungskosten für mehrere zusammenhängende Erzeugnisse sowie die Miete für eine Werkshalle, in der mehrere Produktarten hergestellt werden.
- **Unternehmensfixkosten**: Unternehmensfixkosten lassen sich nicht den unteren Ebenen zuordnen, weil sie für mehrere Bereiche anfallen. Sie sind deshalb von allen Produktgruppen zu tragen. Beispiele für diesen Fixkostenrest sind Kosten der Unternehmensführung, Kosten von Stabsabteilungen sowie Kosten für PR-Maßnahmen.

Die mehrstufige Deckungsbeitragsrechnung setzt eine Bildung von Produktgruppen voraus.

Besonders notwendig erscheint diese Maßnahme bei Betrieben mit hohem Fixkostenanteil und mit Erzeugnissen, die nur geringe Unterschiede untereinander aufweisen. Die **Gruppierung** sollte nach Möglichkeit **vertriebsorientiert** erfolgen. Dies gilt auch für die Bildung der Kostenstellen.

> Besonders notwendig für Betriebe mit hohem Fixkostenanteil und sehr ähnlichen Erzeugnissen

Am Beispiel dreier Ebenen ergibt sich die folgende **Betriebsergebnis-rechnung**:

Umsatzerlöse
- variable Kosten der Produkte
= Deckungsbeitrag 1
- Produktfixkosten
= Deckungsbeitrag 2
- Produktgruppenfixkosten
= Deckungsbeitrag 3
- Unternehmensfixkosten
= Betriebserfolg

3.18   **Berechnen Sie das Betriebsergebnis!**

In einem Unternehmen werden sechs Produktarten (A – F) hergestellt. Die nachfolgende Tabelle informiert über die Bruttoumsätze, Nachlässe sowie die variablen Kosten (alle Angaben in €):

Produktart	Bruttoumsatz	Nachlass	Variable Kosten	Produkt-fixkosten
A	145.000	6.000	90.000	4.000
B	132.000	5.000	85.000	2.000
C	180.000	8.000	102.000	7.000
D	92.000	2.000	65.000	2.000
E	122.000	3.000	81.000	3.000
F	88.000	1.000	62.000	1.000

Die Produkte A und B wurden auf Spezialmaschinen gefertigt, deren Fixkosten 22.000 € betrugen. Die fixen Kosten der Spezialmaschine für die Produkte C und D belaufen sich auf 30.000 €, die der Spezialmaschine für E und F auf 15.000 €.

Die Produkte A bis D gehören zur Sparte I, in diesem Bereich entstanden fixe Kosten in Höhe von 27.000 €. In Sparte II (Produkte E und F) sind Fixkosten von 13.000 € angefallen. Die fixen Kosten der Unternehmensleitung belaufen sich auf 24.000 €. (Alle weiteren Zahlenangaben in Tausend €.)

	A	B	C	D	E	F
Bruttoumsatz	145	132	180	92	122	88
− Nachlässe	6	5	8	2	3	1
= Nettoumsatz	139	127	172	90	119	87
− variable Kosten	90	85	102	65	81	62
= Deckungsbeitrag 1	49	42	70	25	38	25
− Produktfixkosten	4	2	7	2	3	1
= Deckungsbeitrag 2	45	40	63	23	35	24

(Forts.)						
= Deckungsbeitrag 2	45	40	63	23	35	24
– Produktgruppenfixk.	22		30		15	
= Deckungsbeitrag 3	63		56		44	
– Spartenfixkosten		27			13	
= Deckungsbeitrag 4		92			31	
– Unternehmensfixkosten			24			
= Betriebserfolg			99			

Der Betriebserfolg beträgt in dieser mehrstufigen Deckungsbeitragsrechnung 99.000 €.

Wie ist die mehrstufige Deckungsbeitragsrechnung zu beurteilen?

3.19

Im Rahmen der mehrstufigen Deckungsbeitragsrechnung wird versucht, die Fixkosten über mehrere Stufen auf unterschiedliche Bezugsobjekte (Produkte, Produktgruppen, Sparten, Unternehmen) zu verrechnen.

Diese differenzierte Verrechnungsweise führt gegenüber der einstufigen Deckungsbeitragsrechnung (Direct Costing) zu folgenden **Vorteilen**:

- Eine detaillierte Ermittlung stufenweiser Deckungsbeiträge wird ermöglicht, wobei auf die willkürliche Schlüsselung der Fixkosten verzichtet wird.
- Erweiterung der Entscheidungsmöglichkeiten im Vergleich zum Direct Costing (z.B. Schließung von Betriebsteilen, Erfolgsbeurteilung von Ergebnisverantwortlichen).
- Eine detaillierte Überwachung der Fixkosten ist möglich, insbesondere der kurzfristig abbaubaren Fixkosten.

Die mehrstufige Deckungsbeitragsrechnung erweist sich in folgenden Punkten als **nachteilig**:

- Sie ist arbeitsaufwendiger als die einstufige Deckungsbeitragsrechnung (Direct Costing).
- Eine gleichartige Gruppenbildung ist nur für räumlich getrennte Betriebsteile mit eigenständigen Produktionsprogrammen denkbar.

Wie ist die relative Einzelkostenrechnung zu beurteilen?

3.20

Die relative Einzelkostenrechnung ist ein **weiteres mehrstufiges System der Teilkostenrechnung**. Im Gegensatz zur mehrstufigen Deckungsbeitragrechnung erfolgt jedoch eine Einteilung der Gesamtkosten in Einzelkosten verschiedener betrieblicher Ebenen. Das Ziel dieser Rechnung besteht darin, möglichst allen Kosten und Leistungen geeignete, also verursachungsgerechte Bezugsgrößen zuzuordnen. Die Unterscheidung in Einzel- und Gemeinkosten ist bei dieser Rechnung relativ, weil sie in Abhängigkeit von der betreffenden Bezugsgröße steht.

Ziel: Möglichst allen Kosten und Leistungen verursachungsgerechte Bezugsgrößen zuordnen

Verwendung mehrerer
Hierarchien problematisch

Die jeweiligen Bezugsgrößen, denen relative Einzelkosten zugeordnet werden, sind in einer Bezugsgrößenhierarchie anzuordnen. Eine Verwendung mehrerer Hierarchien wäre problematisch, weil sie möglicherweise zur Doppelerfassung von Kosten führen würden.

Die Struktur der relativen Einzelkostenrechnung kann etwa mittels einer **objektbezogenen Bezugsgrößenhierarchie** (z. B. Erzeugnisse, Leistungsgruppen, Märkte, Produktionsbereich, Absatzbereich, Gesamtunternehmen) abgebildet werden.

Alternativ können auch **zeitraumbezogene Bezugsgrößenhierarchien** gewählt werden (z. B. Tageseinzelkosten, Monatseinzelkosten, Quartalseinzelkosten, Jahreseinzelkosten).

Auswertung erfolgt auf Basis
der Zurechnungsobjekte

Die Auswertung erfolgt auf Basis der Zurechnungsobjekte, für die sich jeweils Deckungsbeiträge nach folgendem Ansatz bilden lassen:

Deckungsbeitrag = relative Einzelleistungen
− relative Einzelkosten des Zurechnungsobjektes

Das Rechnen mit relativen Einzelkosten führt zu vermehrten Kosteninformationen im Betrieb, da neben den Kostenträgern auch andere Zurechnungsobjekte für Kostenentscheidungen ausgewertet werden. Dabei ist positiv hervorzuheben, dass im Sinne der **Verursachungsgerechtigkeit** eine Schlüsselung der Gemeinkosten vermieden wird.

Schlüsselung der Gemeinkosten
wird vermieden

Die Operationalisierung der Deckungsbeitragsrechnung mit relativen Einzelkosten ist jedoch recht schwierig und bereitet einen **nicht unerheblichen Aufwand**. So lassen sich in der Realität oftmals nicht alle Kosten als relative Einzelkosten zu bestimmten Bezugsgrößen zuordnen. Darüber hinaus weicht die **Terminologie** von den herkömmlichen Größen der Kosten- und Leistungsrechnung ab. Weiterhin fehlen Informationen zur **Bewertung von Beständen**, da eine genaue Erfassung der gesamten Herstellkosten eines Erzeugnisses nicht gegeben ist.

Aus diesen Gründen ist die praktische Relevanz der relativen Einzelkostenrechnung gering.

4 ZEITBEZOGENE KOSTENRECHNUNGSSYSTEME

Nach dem Zeitbezug lassen sich differenzieren:

- Istkostenrechnung
- Normalkostenrechnung
- Plankostenrechnung

Istkosten- und Normalkostenrechnungssysteme sind vergangenheitsbezogen. Dagegen bezieht sich die Plankostenrechnung auf geplante zukünftige Kosten, wobei spätere Kontrollen von Istkosten vorgenommen werden können.

> Ist- und Normalkostenrechnungssysteme sind vergangenheitsbezogen

Die **Istkostenrechnung** erfasst die tatsächlich angefallenen Kosten und verrechnet sie auf die Kostenstellen und Kostenträger im Rahmen der Nachkalkulation. Der Grundgedanke der Istkostenrechnung besteht darin, möglichst Istwerte anzusetzen.

Istkosten = Ist-Menge · Ist-Preis

Mit der Istkostenrechnung wird festgestellt, welche Kosten für die einzelnen Kostenträger oder sonstigen Bezugsobjekte in der Abrechnungsperiode entstanden sind, sie ist also eine **vergangenheitsbezogene** Rechnung. Kostenschwankungen, z.B. aufgrund von veränderten Beschaffungspreisen, gehen in die Istkostenrechnung in vollem Umfang ein.

Die **Normalkostenrechnung** stellt eine Weiterentwicklung der Istkostenrechnung dar. Die in der Istkostenrechnung eingesetzten, periodisch schwankenden Istkosten werden durch **konstante Normalkosten** ersetzt.

Normalkosten sind Durchschnittswerte, die sich aus den in vergangenen Perioden angefallenen Istkosten ergeben. Darüber hinaus beziehen sie sich auf eine **durchschnittliche Auslastung der Kapazität** (Normalbeschäftigung). Mittels der Durchschnittsbildung werden Besonderheiten aus einzelnen vergangenen Perioden geglättet. Ebenso wie die Istkostenrechnung ist die Normalkostenrechnung **vergangenheitsbezogen**.

> Normalkosten sind Durchschnittswerte, Besonderheiten werden geglättet

Normalkosten = Normalmenge · Normalpreis

Zur **Kostenkontrolle** werden die Ist-Zuschlagssätze mit den Normal-Zuschlagssätzen der abgelaufenen Periode verglichen. Darauf aufbauend lassen sich **Über- bzw. Unterdeckungen** ermitteln:

- Kosten**über**deckung: Normal-Gemeinkosten > Ist-Gemeinkosten
- Kosten**unter**deckung: Normal-Gemeinkosten < Ist-Gemeinkosten

Überdeckungen bedeuten, dass pro Einheit einer Bezugsgröße weniger Gemeinkosten angefallen sind als geplant. Dies wird als **Ergebnisverbesserung** gewertet. **Unterdeckungen** bedeuten, dass pro Einheit einer Bezugsgröße mehr Gemeinkosten angefallen sind als geplant. Dies wird als **Ergebnisverschlechterung** gewertet. Sofern außergewöhnlich hohe Abweichungen entstanden sind, ist eine **Ursachenanalyse** vorzunehmen. Entsprechen sich Normal-Gemeinkosten und Ist-Gemeinkosten, so liegt eine **Kostendeckung** vor.

Wenn Normal-Gemeinkosten und Ist-Gemeinkosten übereinstimmen, liegt eine Kostendeckung vor

Die **Plankostenrechnung** ist ein Verfahren zur Bestimmung von Kostenvorgaben, die bei planmäßigem Betriebsablauf als erreichbar angesehen werden. Später erfolgt ein Vergleich zwischen Plankosten mit den tatsächlich angefallenen Kosten (Istkosten). Somit ergeben sich für die Plankostenrechnung die folgenden **Einsatzschwerpunkte**:
- Vorkalkulation der betrieblichen Leistungen
- Darlegung der kostenmäßigen Konsequenzen von Entscheidungsalternativen (Planungsgrundlage)
- Maßnahmenplanung
- Wirtschaftlichkeitskontrolle durch Soll-Ist-Vergleich
- Erstellung von Abweichungsanalysen

Plankosten haben Vorgabecharakter

Plankosten werden im Voraus festgelegt und haben Vorgabecharakter. Basis der Festlegung ist eine bestimmte Leistungsmenge für einen zukünftigen Zeitraum auf der Grundlage eines geplanten Faktorverbrauchs und geplanter Faktorpreise.

Für die weiteren Berechnungen ist also zunächst die Planbeschäftigung festzulegen. Daraus ergeben sich für die benötigten Produktionsfaktoren Planmengen, die jeweils mit Planpreisen zu bewerten sind. Üblicherweise werden die Einzelkosten je Kostenträger und die Gemeinkosten je Kostenstelle geplant.

Plankosten = Planpreise · Planmengen

Innerhalb der Plankostenrechnung können folgende Systeme unterschieden werden:
- Starre Plankostenrechnung
- Flexible Plankostenrechnung auf Vollkostenbasis
- Flexible Plankostenrechnung auf Teilkostenbasis (Grenzplankostenrechnung)

4.2

Ermitteln Sie die Kostenabweichungen. Wie sind diese Abweichungen zu interpretieren?

Für einen Betrieb liegen 30.000 € an Materialeinzelkosten sowie 40.000 € an Fertigungseinzelkosten vor. Es wurden folgende **Zuschlagssätze** ermittelt:

Normalzuschläge: Materialgemeinkosten: 40 %
Fertigungsgemeinkosten: 50 %
Verwaltungsgemeinkosten: 20 %
Vertriebsgemeinkosten: 25 %
Istzuschläge: Materialgemeinkosten: 42 %
Fertigungsgemeinkosten: 49 %
Verwaltungsgemeinkosten: 22 %
Vertriebsgemeinkosten: 24 %

Ermittlung der Kostenabweichungen:

Kostenstellen	Material		Fertigung		Verwaltung		Vertrieb	
	€	%	€	%	€	%	€	%
Ist-GK	12.600	42	19.600	49	22.484	22	24.528	24
Normal-GK	12.000	40	20.000	50	20.400	20	25.500	25
Überdeckung			400				972	
Unterdeckung	600				2.084			

Hinweis:
Die **Ist-Herstellkosten** betragen: 30.000 + 12.600 + 40.000 + 19.600
= 102.200 €
Die **Normal-Herstellkosten** betragen: 30.000 + 12.000 + 40.000 + 20.000
= 102.000 €

Summe der **Ist-Gemeinkosten**: 79.212 €
Summe der **Normal-Gemeinkosten**: 77.900 €
Unterdeckung: 1.312 €

Zusammensetzung der Unterdeckung:
600 € + 2.084 € − 400 € − 972 € = 1.312 €

Die Unterdeckung wird so gedeutet, dass pro € an Einzelkosten mehr Gemeinkosten angefallen sind, als dies aufgrund der Erfahrungen der vergangenen Jahre zu erwarten war. Dies wird als Ergebnisverschlechterung gewertet.

Kritisch ist allerdings anzumerken, dass es in der Regel Abweichungen zwischen der Normalbeschäftigung und der Istbeschäftigung gibt, sodass ein Teil der Gemeinkostenunterschiede auf die Beschäftigungsabweichung zurückzuführen ist (Problem der **Proportionalisierung von Gemeinkosten**).

Welche Kostenabweichung ergibt sich bei Anwendung der starren Plankostenrechnung?

4.3

In einem Betrieb sind für die kommende Periode Plankosten in Höhe von 20.000 € vorgesehen. Die geplante Beschäftigung beträgt 500 Stück. Die tatsächliche Beschäftigung liegt bei 400 Stück mit Istkosten in Höhe von 18.000 €.

Planverrechnungssatz	= 20.000 € / 500 Stück	=	40 €
Verrechnete Plankosten	= 40 € / Stück · 400 Stück	=	16.000 €

Istkosten der Istbeschäftigung:	18.000 €
− verrechnete Plankosten der Istbeschäftigung:	16.000 €
= **Kostenabweichung** der Istbeschäftigung:	2.000 €

Die ermittelte Kostenabweichung in Höhe von 2.000 € ist allerdings wenig aussagefähig, da eine völlige Proportionalität zwischen Plankosten und Planbeschäftigung nicht realistisch erscheint. Mögliche Abweichungsursachen sind die Veränderung der Beschäftigung, gestiegene Faktorpreise und/oder ein höherer Verbrauch der Einsatzfaktoren.

Eine differenziertere Abweichungsanalyse ist jedoch mittels der starren Plankostenrechnung nicht möglich.

Völlige Proportionalität zwischen Plankosten und Planbeschäftigung nicht realistisch

4.4 Welche Kostenabweichung ergibt sich bei Anwendung der flexiblen Plankostenrechnung?

Bei einer Planbeschäftigung von 500 Stück ergeben sich Plankosten in Höhe von 20.000 €, davon sind 5.000 € fix. Tatsächlich wurden jedoch lediglich 400 Stück hergestellt und verkauft, wobei Istkosten in Höhe von 18.000 € angefallen sind.

- Verrechnete Plankosten:
    - Planverrechnungssatz = 20.000 € / 500 Stück = 40 €
    - Verrechnete Plankosten = 40 € / Stück · 400 Stück = 16.000 €

- Sollkosten:
    K_f = 5.000 € und K_v = 15.000 €
    $$\text{Sollkosten} = 5.000\ € + \frac{15.000\ € · 400}{500} = 17.000\ €$$

- Gesamtabweichung:
    Die Gesamtabweichung beträgt: 18.000 € − 16.000 € = 2.000 €

- Analyse der Gesamtabweichung:
    - Beschäftigungsabweichung = 17.000 € − 16.000 € = 1.000 €
    - Kostenabw. der Istbeschäftigung = 18.000 € − 17.000 € = 1.000 €

Die Beschäftigungsabweichung ist nicht von der Betriebsleitung (bzw. Kostenstellenleitung) zu verantworten. Somit kann ihr aus betriebswirtschaftlicher Sicht allenfalls die Kostenabweichung der Istbeschäftigung in Höhe von 1.000 € angelastet werden. Sofern die Faktorpreise gegenüber den Planwerten gestiegen sein sollten, wäre dieser Effekt (Preisabweichung) noch zu berücksichtigen und aus der Kostenabweichung der Istbeschäftigung herauszurechnen.

Welche Überlegungen lassen sich bei der Gegenüberstellung von starrer und flexibler Plankostenrechnung (auf Vollkostenbasis) anstellen?

Die **starre Plankostenrechnung** ermittelt für jede Kostenstelle bei einem bestimmten Beschäftigungsgrad (Planbeschäftigung) die Plankosten. Alle anderen Größen, wie Seriengröße, Intensitäten und Werkstoffqualitäten, werden konstant gehalten, bleiben also starr. Die Division der gesamten Plankosten durch die Planbeschäftigung ergibt einen Planverrechnungssatz (Planstückkosten).

Zunächst sind zur Messung der Beschäftigung **Bezugsgrößen** festzulegen, zu denen sich die Kostenarten möglichst **proportional** verhalten. Oftmals sind für die Kostenplanung mehrere Bezugsgrößen pro Kostenstelle erforderlich. Mögliche Bezugsgrößen sind: geleistete Fertigungsstunden, Maschinenstunden, Lohnkosten, Stückzahlen usw. Schwierig ist die Bestimmung von Bezugsgrößen im Verwaltungs- und Vertriebsbereich, weil deren Leistungen mengenmäßig schwer messbar sind.

Weiterhin ist die **Planbeschäftigung** von der **Istbeschäftigung** abzugrenzen. Während sich die Istbeschäftigung auf die tatsächliche Ausbringungsmenge während einer Periode bezieht, handelt es sich bei der Planbeschäftigung um die geplante bzw. vorgegebene Ausbringung. Die Höhe der Planbeschäftigung (Vollbeschäftigung) orientiert sich beispielsweise an der Kapazitätsgrenze der Produktionsanlagen, an Engpassstellen oder an marktlichen Erwartungswerten.

Planbeschäftigung = geplante bzw. vorgegebene Ausbringung

Plankosten (der Planmenge) sind die vorgegebenen Kosten auf der Basis einer geplanten Beschäftigung, ermittelt durch die Multiplikation von Planmenge und Planpreisen der dazu benötigten Produktionsfaktoren. Plankosten sind demnach geplante Gesamtkosten der Planperiode bei Planbeschäftigung. Der Quotient aus Plankosten und Planbeschäftigung ergibt den Planverrechnungssatz, d.h. die Plankosten einer Bezugsgrößeneinheit (Planstückkosten):

Plankosten sind geplante Gesamtkosten der Planperiode bei Planbeschäftigung

$$Planverrechnungssatz = \frac{Plankosten\ (der\ Planbeschäftigung)}{Planbeschäftigung}$$

Verrechnete Plankosten ergeben sich, indem der **Planverrechnungssatz** mit der **Istbeschäftigung** multipliziert wird.

Verr. Plankosten (d. Istbesch.) = Planverrechnungssatz · Istbeschäftigung

Durch einen Vergleich der für die tatsächlich erzeugte Menge angefallenen Istkosten und der verrechneten Plankosten lassen sich **Kostenabweichungen** feststellen:

Istkosten der Istbeschäftigung
− verrechnete Plankosten der Istbeschäftigung
= Kostenabweichung der Istbeschäftigung

Die Umrechnung des Planverrechnungssatzes auf die Istmenge erfolgt im Rahmen der starren Plankostenrechnung unter der **Annahme**, dass sich alle Kostenarten gegenüber Beschäftigungsänderungen anpassen. Somit werden also in Gänze **variable Kosten** unterstellt. Allerdings kann von dieser Voraussetzung in der Praxis nicht ausgegangen werden, da ein Teil der Kosten beschäftigungsunabhängig ist (Fixkosten). Bei einer Abweichung von Istbeschäftigung und Planbeschäftigung dürfen Fixkosten nicht proportional zur Beschäftigungsabweichung verändert werden.

Starre Plankostenrechnung insbesondere bei geringen Beschäftigungsschwankungen

Deshalb sollte bei der Anwendung der starren Plankostenrechnung die **Abweichung** von der Planbeschäftigung zur Istbeschäftigung **gering** und der **Anteil der fixen Kosten** an den Gesamtkosten **niedrig** sein. Die starre Plankostenrechnung wird in der Praxis insbesondere bei geringen Beschäftigungsschwankungen eingesetzt.

Dagegen basieren die Planvorgaben im Rahmen der **flexiblen Plankostenrechnung** auf alternativen Beschäftigungssituationen. Anstelle der Vorgabe von verrechneten Plankosten mittels starren Planverrechnungssätzen pro Stück ist es deshalb notwendig, die Gesamtkosten des Betriebes bzw. der Kostenstelle in **fixe und variable Bestandteile** aufzuspalten. Das Ergebnis stellen die so genannten **Sollkosten** dar. Sollkosten werden auch als geplante Gesamtkosten der Istbeschäftigung bezeichnet.

Sollkosten = Geplante Gesamtkosten der Istbeschäftigung

$$Sollkosten = \frac{Variable\ Plankosten \cdot Istbeschäftigung}{Planbeschäftigung} + fixe\ Plankosten$$

Es ergeben sich **unterschiedliche Verläufe** zwischen den verrechneten Plankosten mittels starrer Planverrechnungssätze und den Sollkosten:

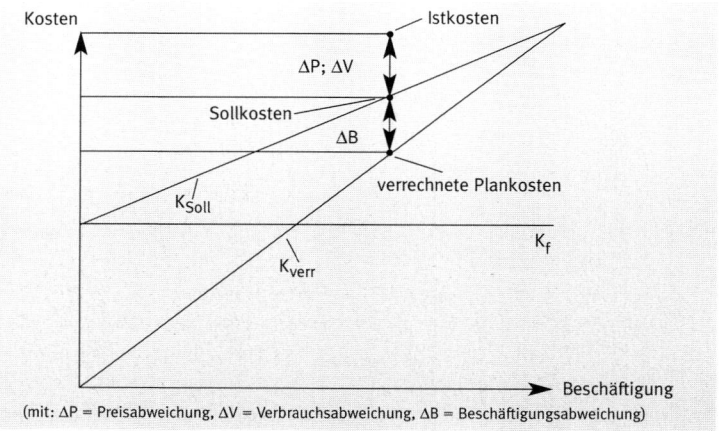

(mit: ΔP = Preisabweichung, ΔV = Verbrauchsabweichung, ΔB = Beschäftigungsabweichung)

Abb. 4.1:   Flexible Plankostenrechnung auf Vollkostenbasis

Zwischen den Sollkosten und den verrechneten Plankosten ergeben sich Differenzen, die als **Beschäftigungsabweichung** interpretiert werden. Der Unterschied wird durch die Proportionalisierung der Fixkosten in Höhe der erfolgten Beschäftigungsdifferenz zwischen Plan- und Istmenge bestimmt. Sofern Plan- und Istbeschäftigung übereinstimmen, ist die Beschäftigungsabweichung gleich Null. Die Beschäftigungsabweichung ist kein geeigneter Maßstab zur Beurteilung des jeweiligen Verantwortlicher, da sie nicht auf Unwirtschaftlichkeiten des betreffenden Verantwortungsbereiches zurückzuführen ist.

Differenz zwischen Sollkosten und verrechneten Plankosten = Beschäftigungsabweichung

Die Differenz zwischen Ist- und Sollkosten ergibt die **Kostenabweichung der Istbeschäftigung**. Nach Ermittlung dieser Abweichung sind deren Ursachen zu analysieren:

Differenz zwischen Ist- und Sollkosten = Kostenabweichung der Istbeschäftigung

- **Preisabweichungen** (veränderte Preise der Einsatzfaktoren) und/oder
- **Verbrauchsabweichungen** (veränderte Verbrauchsmengen der Einsatzfaktoren).

Zunächst werden die Einsatzfaktoren auf **Preisveränderungen** hin untersucht. Wird die Kostenabweichung der Istbeschäftigung durch die **Preisabweichungen** der Einsatzfaktoren eliminiert, resultiert daraus die **Verbrauchsabweichung**.

Die **Gesamtabweichung** setzt sich also aus Beschäftigungs-, Preis- und Verbrauchsabweichung zusammen. Im Zentrum der internen Produktivitätskontrolle steht die Verbrauchsabweichung. Für sie haben die jeweiligen Verantwortlichen Rechenschaft abzulegen.

Gesamtabweichung setzt sich aus Beschäftigungs-, Preis- und Verbrauchsabweichung zusammen

Die flexible Plankostenrechnung ist eine **gute Grundlage für preispolitische Entscheidungen**, weil die Kalkulationsgenauigkeit verbessert wird. Darüber hinaus können für Kostenstellenleiter **brauchbare Vorgabewerte** ermittelt werden. Durch differenzierte Abweichungsanalysen wird eine **aussagefähige Kostenkontrolle** möglich.

Die Kalkulationsgenauigkeit wird durch die flexible Plankostenrechnung verbessert

Dem steht vor allem das **Fixkostenproblem** gegenüber, sodass beispielsweise Fehlentscheidungen bei Vorkalkulationen im Falle von abweichenden Beschäftigungsgraden zwischen Planmenge und Istmenge zu erwarten sind. Darüber hinaus verhalten sich **nicht alle variablen Kosten proportional** zu einer gewählten Bezugsgröße. Durch Verwendung mehrerer Bezugsgrößen kann dieses Problem aber vermieden werden.

Nennen Sie die Gründzüge der Grenzplankostenrechnung!

4.6

Die Grenzplankostenrechnung ist eine **flexible Plankostenrechnung auf Teilkostenbasis** und stellt eine Weiterentwicklung der Deckungsbeitragsrechnung dar. Im Unterschied zur Deckungsbeitragsrechnung werden anstelle von Istwerten jedoch Planwerte verwendet.

Weiterentwicklung der Deckungsbeitragsrechnung

Der Aufbau und der Ablauf der Grenzplankostenrechnung ist analog zur flexiblen Plankostenrechnung auf Vollkostenbasis. Allerdings verzichtet die Grenzplankostenrechnung auf die Einbeziehung fixer Kosten, sodass die Planungsrechnungen **ausschließlich** auf der Basis **variabler Kosten** vorgenommen werden.

Zur Vorgabe eines kurzfristigen Betriebserfolges (KER) gehen die Fixkosten als Block ein

Im Rahmen der Kostenartenrechnung sind die fixen Kosten von den variablen zu trennen. Es folgt eine Weiterverrechnung der variablen Kosten auf die Kostenstellen und die Kostenträger. Zur Vorgabe eines kurzfristigen Betriebserfolges (KER) gehen die Fixkosten als Block ein.

Zur Ermittlung des **(Grenz-)Planverrechnungssatzes** werden lediglich die variablen Plankosten herangezogen:

$$Planverrechnungssatz = \frac{Variable\ Plankosten}{Planbeschäftigung}$$

Mit Hilfe des Planverrechnungssatzes lassen sich die verrechneten Plankosten und die Sollkosten bestimmen:
- Verrechnete Plankosten = Planverrechnungssatz · Istbeschäftigung
- Sollkosten = Planverrechnungssatz · Istbeschäftigung

Anhand der Gleichungen ist erkennbar, dass im Rahmen der Grenzplankostenrechnung die **verrechneten Plankosten und die Sollkosten identisch verlaufen**. Die **Beschäftigungsabweichung** ist also in der Grenzplankostenrechnung **immer Null**, weil in die Betrachtung keine Fixkosten mit einbezogen werden. Diese Zusammenhänge werden noch einmal in der folgenden Abbildung verdeutlicht:

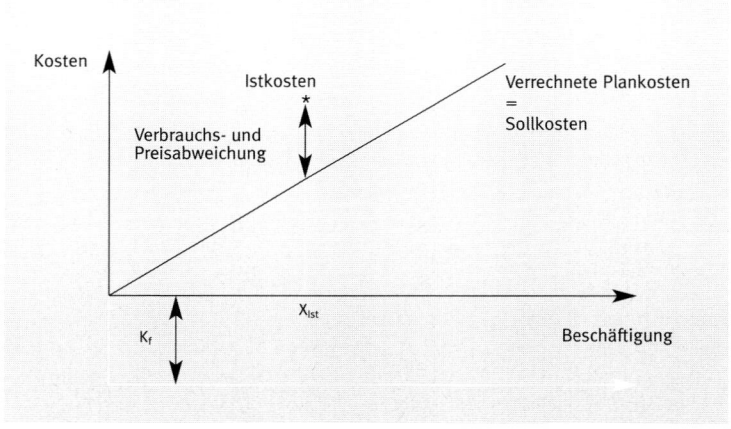

Abb. 4.2:   Grenzplankostenrechnung

Die **Kostenabweichung der Istbeschäftigung** hingegen ist identisch mit der aus der flexiblen Plankostenrechnung auf Vollkostenbasis. Ebenso verläuft analog eine differenzierte Aufteilung dieser Kostenabweichung in **Preisabweichung und Verbrauchsabweichung**.

Grenzplankostenrechnung zur Kostenkontrolle sehr geeignet

Die Grenzplankostenrechnung ist für Zwecke der Kostenkontrolle sehr gut geeignet. Im Gegensatz zur flexiblen Plankostenrechnung auf Vollkostenbasis entfällt die Beschäftigungsabweichung, da **Fixkosten keine Be-**

rücksichtung finden. Für Kalkulationszwecke entfällt das Problem, die Fixkosten mehr oder weniger willkürlich verrechnen zu müssen. Demgegenüber besteht bei Anwendung der Grenzplankostenrechnung die Gefahr, dass **Verlust bringende Produkte zu lange im Programm** verbleiben. Darüber hinaus ist die Grenzplankostenrechnung relativ **zeit- und arbeitsaufwändig**.

Wie sind folgende Kosteninformationen nach der Grenzplankostenrechnung zu analysieren?

Bei einer Planbeschäftigung von 250 Stück ergeben sich insgesamt Plankosten in Höhe von 10.000 €, davon sind 1.000 € fix. Tatsächlich wurden jedoch lediglich 200 Stück hergestellt, wobei insgesamt Istkosten in Höhe von 9.000 € angefallen sind (GPKR = Grenzplankostenrechnung).

Plankosten der GPKR	$= 10.000\,€ - 1.000\,€$	$= \quad 9.000\,€$
Istkosten der GPKR	$= 9.000\,€ - 1.000\,€$	$= \quad 8.000\,€$
Sollkosten der GPKR	$= \dfrac{9.000\,€ \cdot 200}{250}$	$= \quad 7.200\,€$
Kostenabw. d. Istbeschäft.	$= 8.000\,€ - 7.200\,€$	$= \quad 800\,€$

Die Kostenabweichung der Istbeschäftigung beträgt 800 €. Die weitere Differenzierung dieser Größe in Preisabweichung und Verbrauchsabweichung wäre im Falle von Preissteigerungen der Istpreise gegenüber den geplanten Preisen erforderlich.

5 NEUERE ENTWICKLUNGEN IN DER KOSTEN- UND LEISTUNGSRECHNUNG

Warum gewinnt die Prozesskostenrechnung an Bedeutung? Wie ist die grundsätzliche Vorgehensweise?

Der Prozess der betrieblichen Leistungserstellung hat sich in den letzten Jahrzehnten gewandelt. Dieser **Veränderungsprozess** ist durch folgende Tendenzen gekennzeichnet:

*   Aufgrund verstärkten Wettbewerbsdrucks wurde seitens der Unternehmen oftmals mit einer Ausweitung des Produktprogramms reagiert. Mit zunehmender **Heterogenität des Produktprogramms** nimmt jedoch die Bedeutung der Produktionsmenge (Beschäftigung) als alleinige Kosteneinflussgröße ab.
*   Infolge der beschleunigten technologischen Entwicklung hat der **Automatisierungsgrad in der Fertigung** zugenommen bei gleichzeitiger **Freisetzung von Arbeitskräften**. Damit einhergehend hat sich tendenziell der Anteil der Gemeinkosten erhöht, während der Einzelkostenanteil an den Gesamtkosten rückläufig ist. Damit **erhöhen** sich die **Gemeinkostenzuschlagssätze** insbesondere in hoch technologisierten Betrieben exorbitant. Gleichzeitig wird der kausale Zusammenhang zwischen den traditionellen Zuschlagsbasen Materialeinzelkosten und Fertigungseinzelkosten zu den Gemeinkosten immer geringer.

Der stetig steigende Gemeinkostenanteil an den Gesamtkosten und das daraus resultierende **Risiko produktpolitischer Fehlentscheidungen** hat das Entstehen der Prozesskostenrechnung begünstigt.

Grundidee der Prozesskostenrechnung: Differenzierte Verrechnung des Gemeinkostenblocks

Die Grundidee der Prozesskostenrechnung besteht darin, den Gemeinkostenblock differenzierter zu verrechnen, indem wiederholbare betriebliche Prozesse als Größen der Kostenverursachung in den Mittelpunkt der Betrachtung gestellt werden. Das gesamte Betriebsgeschehen wird in eine Folge von Prozessen (Arbeitsschritten) zerlegt, angefangen vom Materialeinkauf bis zum Vertrieb. Das Ziel der Prozesskostenrechnung besteht nun darin, die **Kosten pro beanspruchter Prozesseinheit** des jeweiligen Arbeitsschrittes zu bestimmen. Die Gemeinkosten sollen in dem Umfang der jeweils beanspruchten Prozesse auf die einzelnen Produkte weiterverrechnet werden. Folglich handelt es sich bei der Prozesskostenrechnung um ein neueres Kalkulationsverfahren auf Vollkostenbasis.

Neueres Kalkulationsverfahren auf Vollkostenbasis

Die Prozesskostenrechnung lässt sich in folgende Schritte zerlegen:

1. Identifikation der Teilprozesse bei allen Kostenstellen
2. Ermittlung der Prozesskostensätze der Teilprozesse
3. Kostenträgerkalkulation mit Prozesskosten
4. Verdichtung der Teilprozesse zu Hauptprozessen
5. Kostenkontrolle und Abweichungsanalyse

Der Vorteil der Prozesskostenrechnung liegt in der differenzierten Ermittlung von **spezifischen Prozesskostensätzen**. Damit ist eine **exaktere Zurechnung** der Gemeinkosten auf Kostenträger im Vergleich zur traditionellen Vollkostenrechnung möglich. Darüber hinaus bietet sich die Möglichkeit einer **prozessbezogenen Kostenkontrolle**, die über Kostenstellengrenzen hinausgeht. Daran können sich **Rationalisierungsmaßnahmen** anschließen.

Als nachteilig erweist sich der extrem **hohe Arbeitsaufwand** bei der Implementierung und bei der konsequenten Anwendung der Prozesskostenrechnung. Die teilweise sehr aufwändige Suche und Messung von geeigneten Kostentreibern haben negative Auswirkungen auf die Wirtschaftlichkeit der Prozesskostenrechnung.

Teilweise sehr aufwändige Suche und Messung geeigneter Kostentreiber

---

Berechnen Sie die Prozesskostensätze!

5.2

In der Kostenstelle Kantine sind folgende Teilprozesse definiert worden: Anfertigen der Bestellungen (TP1), Warenannahme und Einlagerung (TP2), Mahlzeiten kochen bzw. zubereiten (TP3), Mahlzeiten ausgeben und kassieren (TP4) und Kostenstelle leiten (TP5). Folgende Informationen sind über die Teilprozesse aus der abgelaufenen Abrechnungsperiode bekannt:

Prozess	Prozessgröße (Cost Driver)	Menge
TP1	Anzahl Bestellungen	63.000
TP2	Anzahl (Teil-)Lieferungen	67.000
TP3	Anzahl zubereiteter Mahlzeiten	220.000
TP4	Anzahl ausgegebener Mahlzeiten	220.000
TP5	leistungsmengenneutral	——

Insgesamt sind **Personalkosten in Höhe von 390.000 €** angefallen. Die insgesamt 12 Mitarbeiter verteilen sich wie folgt auf die Teilprozesse:

- TP1: 1 Mitarbeiter
- TP2: 2 Mitarbeiter
- TP3: 5 Mitarbeiter
- TP4: 3 Mitarbeiter
- TP5: 1 Mitarbeiter

Berechnung der Prozesskostensätze:

Prozess	Prozessgrößen (Cost Driver)	Menge	Kosten des Prozesses (€)	Prozesskostensatz (€)
TP1	Anzahl Bestellungen	63.000	32.500	0,52
TP2	Anzahl (Teil-)Lieferungen	67.000	65.000	0,97
TP3	Anzahl zubereiteter Mahlzeiten	220.000	162.500	0,74
TP4	Anzahl ausgegebener Mahlzeiten	220.000	97.500	0,44
TP5	leistungsmengenneutral	–	32.500	–

Der Umlagesatz der **prozessmengenneutralen Kosten** beträgt: 32.500 € / 357.500 € = 0,09.

Damit ergeben sich folgende Prozesskostensätze:
- TP1: 0,52 € · 1,09 = 0,57 €
- TP2: 0,97 € · 1,09 = 1,06 €
- TP3: 0,74 € · 1,09 = 0,81 €
- TP4: 0,44 € · 1,09 = 0,48 €

5.3 Wie funktioniert das Target Costing in den Grundzügen?

Target Costing ist ein umfassendes Kostenplanungs-, Kostenkontroll- und Kostensteuerungsinstrument

Beim Target Costing handelt es sich ein umfassendes Kostenplanungs-, Kostenkontroll- und Kostensteuerungsinstrument, das aufgrund seines Zukunftsbezuges auch als **strategisches Zielkostenmanagement** bezeichnet wird. Hier rücken die **gewünschten Produktmerkmale** und die Vorgabe von **Zielkosten** in den Mittelpunkt.

Die zentralen Fragen beim Target Costing lauten:
- Was muss ein Produkt wirklich können?
- Was darf ein Produkt höchstens kosten?

Der erzielbare Preis bestimmt die Kostenstruktur

Zur Beantwortung dieser Fragen werden bereits in der Phase der Produktentwicklung Erhebungen bei potenziellen Kunden im Rahmen der Marktforschung durchgeführt. Diese Vorgehensweise soll verhindern, dass die Entwicklung von Neuprodukten zu Preisen führt, die weit über dem Marktpreis vergleichbarer Produkte liegen und damit den Absatz der eigenen Erzeugnisse erschweren. Vielmehr bestimmt beim Target Costing der erzielbare Preis eines Produktes dessen Kostenstruktur.

Die **Vorgehensweise** beim Target Costing vollzieht sich in folgenden Schritten:
1. Ermittlung des Marktpreises, des Umsatzes und der für die Kunden wesentlichen Produktmerkmale (**Teilleistungen**).
2. Festlegung der **zulässigen Gesamtkosten**, indem vom geplanten Umsatz der Zielgewinn subtrahiert wird.
3. Aufteilung der zulässigen Gesamtkosten auf die einzelnen am Wertschöpfungsprozess beteiligten betrieblichen Funktionen zur Erzeugung der jeweiligen Teilleistung (**Zielkostenspaltung**).
4. Ermittlung der **voraussichtlichen Kosten** je Teilleistung und Vergleich mit den zulässigen Kosten dieser Teilleistung.
5. Teilleistungen, deren Kosten oberhalb der vom Markt akzeptierten Vorstellungen liegen, sind auf **Kostensenkungspotenziale** hin zu untersuchen (z. B. andere Fertigungsweise, andere Materialien).
6. Ermittlung einer so genannten **Zielkostenzone** pro Teilleistung, innerhalb derer die Zielkosten als erreicht angesehen werden können.

Das Konzept des Target Costing ist stark auf die Erfordernisse des Absatzmarktes ausgerichtet. Als vorteilhaft erweist es sich, dass **notwendige Maßnahmen zur Kostensenkung frühzeitig erkannt** und durchgeführt werden können. Allerdings führt die Anwendung des Target Costing zu **starken innerbetrieblichen Veränderungen**. So ergeben sich beispielsweise Auswirkungen auf die Organisationsstruktur, die Produktentwicklung und die Unternehmensphilosophie.

Wie hoch sind die Selbstkosten pro Stück, wenn pro Auftrag jeweils ein Stück abgewickelt wurde (Zuschlagskalkulation mit Prozesskosten)?

5.4

Folgende Kostenstellenrechnung ist gegeben (Angaben in Tausend €):

Kostenarten \ Kostenstellen	insgesamt	Material	Fertigung	Verwaltung	Vertrieb
Einzelkosten	500	300	200		
Gemeinkosten	1.090	60	640	150	240
Herstellkosten		1.200			

Die Fertigungsgemeinkosten enthalten maschinenabhängige Kosten in Höhe von 240.000 €. Es wurden 2.000 Maschinenstunden geleistet. Pro Stück werden 1,25 Fertigungsstunden benötigt.

In den Verwaltungsgemeinkosten und Vertriebsgemeinkosten sind jeweils 60.000 € enthalten, die zur Abwicklung der Aufträge angefallen sind. In der Abrechnungsperiode sind 1.600 Aufträge bearbeitet worden.

Ermittlung des **Maschinenstundensatzes**:
Maschinenstundensatz = 240.000 €/2.000 h = 120 €/h

Ermittlung des **Auftragskostensatzes**:
Auftragskostensatz = 120.000 €/1.600 = 75 €/Auftrag

Ermittlung der **Zuschlagssätze**:
- Material-GK-Zuschlagssatz = 60.000 €/300.000 € = 20 %
- Die verbleibenden Restfertigungs-GK (nach Abzug der Maschinenkosten) betragen 400.000 €.
  Restfertigungs-GK-Zuschlagssatz = 400.000 €/200.000 € = 200 %
- Die Zuschläge für Verwaltung und Vertrieb erfolgen auf Basis der Restverwaltungs- und Restvertriebs-GK (nach Abzug der Auftragskosten).
  – Restverwaltungs-GK = 90.000 €/1.200.000 € = 7,5 %
  – Restvertriebs-GK = 180.000 €/1.200.000 € = 15 %

Kalkulation der Selbstkosten pro Stück:
- gefertigt wurden 2.000 h / (1,25 h /Stück) = 1.600 Stück
- abgesetzt wurden ebenfalls 1.600 Stück

Materialeinzelkosten		187,50 €
+ Material-GK	(20 %)	37,50 €
= Materialkosten (M)		225,00 €

Maschinenkosten	(120 € / h · 1,25)	150,00 €
+ Fertigungseinzelkosten		125,00 €
+ Restfertigungs-GK	(200 %)	250,00 €
= Fertigungskosten (F)		525,00 €

Herstellkosten (HK = M + F)		750,00 €
+ Restverwaltungs-GK	(7,5 %)	56,25 €
+ Restvertriebs-GK	(15 %)	112,50 €
+ Auftragsbearb.kosten	(75 € / Auft.)	75,00 €
= Selbstkosten pro Stück		993,75 €

5.5 Welche Einsparungsmöglichkeiten ergeben sich auf der Ebene der Produktkomponenten (Target Costing)?

Geplant ist die Herstellung einer neuen H-Fi-Anlage. Mit Hilfe der Marktforschung wurden die jeweiligen Bedeutungen von **Produktfunktionen** aus der Sicht potenzieller Kunden ermittelt:

Produktfunktionen aus Sicht des Marketings	Bedienungskomfort (F1)	Klang (F2)	Technischer Stand/ Aktualität (F3)	Preiswürdigkeit (F4)	Design/ Prestige (F5)
	10 %	30 %	15 %	20 %	25 %

Die Hi-Fi-Anlage besteht aus folgenden **Produktkomponenten**:
- K1: Boxen
- K2: CD-Player
- K3: Verstärker
- K4: Receiver
- K5: Verbindungskabel

Zwischen den Komponenten und den (aus Kundensicht wahrgenommenen) Funktionen wurden mit Hilfe der Marktforschung folgende **Zusammenhänge** ermittelt:

Komponente	F1	F2	F3	F4	F5
K1	20 %	10 %	30 %	20 %	30 %
K2	40 %	30 %	10 %	30 %	–
K3	15 %	40 %	30 %	20 %	20 %
K4	15 %	10 %	30 %	10 %	45 %
K5	10 %	10 %	–	20 %	5 %

Mit Hilfe der Plankostenrechnung sind (vorläufige) **Selbstkosten** in Höhe von 2.000 € pro Hi-Fi-Anlage ermittelt worden, die sich wie folgt auf die Komponenten **verteilen**:

- K1:   400 €
- K2:   500 €
- K3:   400 €
- K4:   400 €
- K5:   300 €

Die angesetzten **Zielkosten** liegen bei **1.700 €**. Anzuwenden ist die Methode des Target Costing:

- Ermittlung des jeweiligen Beitrages der Komponenten K1 bis K5 zum gesamten Kundennutzen:

Komp.	F1	F2	F3	F4	F5	∑ Komp.
K1	2 %	3 %	4,5 %	4 %	7,5 %	21 %
K2	4 %	9 %	1,5 %	6 %	–	20,5 %
K3	1,5 %	12 %	4,5 %	4 %	5 %	27 %
K4	1,5 %	3 %	4,5 %	2 %	11,25 %	22,25 %
K5	1 %	3 %	–	4 %	1,25 %	9,25 %
∑ Fkt.	10 %	30 %	15 %	20 %	25 %	100 %

- Gegenüberstellung von Kundennutzen und Kostenanteil: Die prozentuale Verteilung der (vorläufig) geplanten Selbstkosten in Höhe von 2.000 € verteilt sich wie folgt:
  - K1:   20 %
  - K2:   25 %
  - K3:   20 %
  - K4:   20 %
  - K5:   15 %

- Ermittlung der Zielkostenindices:

Komponente	Kundennutzen	Kostenanteil der Komponenten	Zielkosten- index
K1	21 %	20 %	1,05
K2	20,5 %	25 %	0,82
K3	27 %	20 %	1,35
K4	22,25 %	20 %	1,1125
K5	9,25 %	15 %	0,6167

Der Zielkostenindex lässt sich wie folgt interpretieren:
- Zielkostenindex > 1: Der Kundennutzen ist größer als der Kostenanteil der Komponente. Die Kosten sind als vertretbar anzusehen. Zu prüfen ist, ob ggf. weitere Verbesserungen vorzunehmen sind (Folge: Kostenanteil steigt).

– Zielkostenindex < 1: Die Kosten der Komponente sind zu hoch in Relation zum Kundennutzen. Insofern sind hier Einsparungen vorzunehmen.

- Ermittlung der **Einsparungsmöglichkeiten**: Aufgrund des erzielbaren Marktpreises sind Zielkosten von maximal 1.700 € pro Hi-Fi-Anlage zulässig. Mittels Zielkostenspaltung erfolgt eine Verrechnung auf die Produktkomponenten (Verteilungsschlüssel: Kundennutzen).

Komponente	Vorläufige Plankosten (€)	Zielverteilung (Kundennutzen)	Zielkosten (€)	Über- bzw. Unterdeckung (€)
K1	400	21 %	357,00	− 43,00
K2	500	20,5 %	348,50	− 151,50
K3	400	27 %	459,00	+ 59,00
K4	400	22,25 %	378,25	− 21,75
K5	300	9,25 %	157,25	− 142,75
Summe	2.000	100 %	1.700,00	− 300,00

Komponenten mit Überdeckung sind auf Verbesserungspotenziale hin zu untersuchen

Der Vergleich zwischen Zielkosten und vorläufigen Plankosten lässt sich wie folgt interpretieren: Überdeckungen geben an, dass die vorläufigen Plankosten unterhalb der Zielkosten liegen. Die betreffenden Komponenten sind auf Verbesserungspotenziale hin zu untersuchen (K1). Unterdeckungen deuten auf Kosteneinsparungspotenziale hin (K1, K2, K4 und K5).

Lösung von Seite 31 (Frage 2.16):

Kostenstellen / Kostenarten	Betrag insgesamt	Fuhrpark	Reparatur	Material	Fertigung	Verwaltung	Vertrieb
Gehälter	530.000	30.000	35.000	20.000	20.000	225.000	200.000
Hilfslöhne	320.000	30.000	40.000	120.000	130.000	–	–
Miete	280.000	25.000	30.000	70.000	80.000	35.000	40.000
Betriebsstoffe	60.000	7.000	6.000	22.000	25.000	–	–
Kalk. Abschreibungen	240.000	24.000	17.000	52.000	57.000	47.000	43.000
Kalk. Zinsen	120.000	12.000	11.000	25.000	27.000	22.000	23.000
Kalk. Unternehmerlohn	100.000	–	–	25.000	25.000	25.000	25.000
Sonst. Betriebskosten	80.000	8.000	7.000	17.000	17.000	16.000	15.000
Summe	**1.730.000**	**136.000**	**146.000**	**351.000**	**381.000**	**370.000**	**346.000**
Umlage Fuhrpark	–		8.500	34.000	25.500	17.000	51.000
Summe			**154.500**	**385.000**	**406.500**	**387.000**	**397.000**
Umlage Reparatur				15.450	77.250	15.450	46.350
Summe Gemeinkosten				**400.450**	**483.750**	**402.450**	**443.350**
						845.800	
Materialeinzelkosten				730.000			
Fertigungseinzelkosten					850.000		
Herstellkosten des Umsatzes						2.464.200	
Ist-Zuschläge				**54,86 %**	**56,91 %**	**34,32 %**	

LITERATURVERZEICHNIS

Die ideale Ergänzung zu diesem Buch:

Baum, Frank: Kosten- und Leistungsrechnung, Berlin 2003.

Coenenberg 1999: Coenenberg, Adolf G.: Kostenrechnung und Kostenanalyse, 4. Auflage, Landsberg am Lech 1999.

Däumler/Grabe 1997: Däumler, Klaus-Dieter / Grabe, Jürgen: Kostenrechnung 2, 6. Auflage, Herne, Berlin 1997.

Däumler/Grabe 1998: Däumler, Klaus-Dieter / Grabe, Jürgen: Kostenrechnung 3, 6. Auflage, Herne, Berlin 1998.

Däumler/Grabe 2000: Däumler, Klaus-Dieter / Grabe, Jürgen: Kostenrechnung 1, 8. Auflage, Herne, Berlin 2000.

Drosse 1998: Drosse, Volker: Kostenrechnung Intensivtraining, Wiesbaden 1998.

Haberstock 1999: Haberstock, Lothar: Kostenrechnung II, 8. Auflage, teilweise bearbeitet von Volker Breithecker, Berlin 1999.

Haberstock 2002: Haberstock, Lothar: Kostenrechnung I, 11. Auflage, bearbeitet von Volker Breithecker, Berlin 2002.

Loos 1993: Loos, Günter: Betriebsabrechnung und Kalkulation, 4. Auflage, Herne, Berlin 1993.

Olfert 1999: Olfert, Klaus: Kostenrechnung, 11. Auflage, Ludwigshafen (Rhein) 1999.

Reichmann 2001: Reichmann, Thomas: Controlling mit Kennzahlen und Managementberichten. Grundlagen einer systemgestützten Controlling-Konzeption, 6. Auflage, München 2001.

Weber 1991: Weber, Helmut K.: Betriebswirtschaftliches Rechnungswesen, Band 2: Kosten- und Leistungsrechnung, 3. Auflage, München 1991.

Wedell 2001: Wedell, Harald: Grundlagen des Rechnungswesens, Band 2: Kosten- und Leistungsrechnung, 8. Auflage, Herne, Berlin 2001.

Wenz 1992: Wenz, Edgar: Kosten- und Leistungsrechnung mit einer Einführung in die Kostentheorie, Herne, Berlin 1992.